Spiritual Culture
青心文化

在阅读中疗愈·在疗愈中成长

READING & HEALING & GROWING

不要错过爱你的人

扫码关注，回复书名，
聆听专业音频讲解，
唤回女性面的特质，
体验作为女性的喜悦和幸福！

不要错过爱你的人

女子の最強幸福論

［日］栗原弘美 著

佳永馨璃 译

中国青年出版社

目录

前言 001

第一章 女性人生道路上的重重"壁垒"

女生聚会的一场交谈 003
"女性面"和"男性面" 009
伙伴关系是什么? 011

第二章 如何寻求最佳伴侣

找不到伴侣的女性应该放下的5个执着 017
如何让能给你幸福的男人爱你 025

第三章 找到最佳伴侣的宝典(咨询案例)

咨询案例1 没有相遇 033
咨询案例2 我喜欢的人不理我,喜欢我的人我不喜欢 038
咨询案例3 开始被追,最后被甩 042
咨询案例4 喜欢上的男性都是已婚者 049
咨询案例5 总喜欢上渣男1 054
咨询案例6 总喜欢上渣男2 060
咨询案例7 如何让他结束长跑,愿意结婚 065

第四章　维持幸福婚姻的奥秘（咨询案例）

咨询案例8　丈夫的出轨1　073
咨询案例9　丈夫的出轨2　078
专栏一　夫妻之间互相以名字相称　086
咨询案例10　没有信心兼顾工作和育儿　087
咨询案例11　因为价值观和生活观的不同经常吵架　094
咨询案例12　夫妻之间如何谈钱　101
咨询案例13　让婆婆看孩子，自己心里却很堵　106

第五章　让男人真心爱你的秘诀

我们其实对情绪一无所知　113
不带指责地沟通"唠叨的人"和"沉默的人"　118
吵架是双方童年时期心碎的再现　123
同时尊重自己和伴侣　128
专栏二　疗愈情绪的结合练习（对视练习）　133

第六章　女性是世界之花

从母亲身上找到爱的种子，真正的伴侣就会出现　137
如何不积郁辛劳压力，维持幸福的婚姻生活　144
我们的夫妻生活　146
拥有被爱的勇气去追求真相真理　149
女人是世界之花　151

后记　尽情享受"作为女性的幸福"　153

前言

请问打开这本书的你,对身为女性来到这世间,有何感想呢?

你感到开心吗?还是觉得"当女人很亏""让父母失望了""来例假很麻烦"呢?或是说"也就这样了",没啥感觉了?

我写这本书,就是为了让你活出充满喜悦的人生。通过阅读此书,如果能让你感受到作为女性的美好与幸福,也将使我感到开心快乐。

女性是太阳。

女性是有影响力的。

你带着"绽放女性光芒""活出真实自我"的约定来到这个世界。对,千真万确!那你觉得你是否遵守了这个约定呢?

请想象一下如太阳般明亮的自己,是否感觉活力满满又轻盈灵动呢?

不问过往,无关年龄,不看身份,如果你有一颗全然自由的心,定会让自己光彩耀人。这就是身为女性本真的模样。

要想如太阳般闪耀,活出真我,领受幸福,就必须找回

"女性面"。

"女性面"是一种特质，并非只有女性才有。包括男性和儿童，所有人都具备这种特质。而当今，"女性面"特质失衡，导致很多人变得非常煎熬，感到人生痛苦不堪。如果人们能摆脱这种闭塞压抑，找回自己的"女性面"，将会活得通透舒畅，柳暗花明。

本书以恋爱、结婚、夫妻关系、事业与育儿的兼顾等众多女性的典型烦恼为基点，以个案咨询的方式展开说明，解决问题，创建幸福的结果。

具体来说，第三章从相识到结婚，第四章以婚后的种种烦恼为主题，贯穿13位女性的个案进行详细说明和解答。

各位读者可先读一读开篇的"女生聚会"，如果自己也有类似的烦恼，也可直接找到相应人物的个案章节仔细阅读。

当你唤回你的"女性面"，你将充满自信和力量。当你体验到作为女性的喜悦，你的人生将开始焕发光彩。你会成为太阳般的存在，过往灰色的世界也从此五彩缤纷。闪光的你活出闪耀的人生，自然会给周边的人和男性们带来欢乐。你的存在赋予他们活力，他们也会给你带来喜悦和幸福。

与你的良人相遇相知，相爱相许，营建幸福关系的钥匙就掌握在每一位女性手中。

让我们唤回女性面的特质，展现出如太阳般的自己，成为一个成熟的快乐女人！

第一章

女性人生道路上的重重"壁垒"

女生聚会的一场交谈

这里是一家咖啡厅。每月的某个周日,4个30岁的女人会聚在这里一起吃午餐。她们是高中同学,毕业后虽然选择了不同的人生道路,生活环境也不尽相同,但是一直重视友谊,定期举办这样的女生聚会。

●出场人物

瑞穗:单身 无男友……感叹没有好的相遇

千枝:单身 有男友……"选这个男人到底好不好?"是否结婚纠结中

理香:已婚 有孩子……丈夫出轨了

玲奈:已婚 没孩子……对工作和育儿的兼顾缺乏信心,不敢生小孩

瑞穗:理香,你怎么瘦了?脸色也不太好,是不是育儿太辛苦了?

理香:育儿辛苦不说,我还发现我老公出轨了……

千枝:天哪,怎么这样?你家孩子才两岁吧?

理香:我考虑过了,准备还是离婚算了。就是孩子还小,做个单亲妈妈心里没底……但我又不能原谅老公……

玲奈:要是换成我,我也没法咽下这口气。你说当时发

现他出轨,还闹得天翻地覆的。

理香:我现在比事发当时要冷静多了,但是怎么想也想不出个结果。最近总想可能只有离婚这条路了。

瑞穗:也难怪你这么想,想当初你老公那么热烈地追求你……还是说世上男人皆花心吗?

理香:想来他们就是那样的生物吧。

瑞穗:看来我对结婚的期待要破碎了。

千枝:瑞穗,你还是没有男朋友吗?

瑞穗:连个影子都没有……每天家和公司两点一线的。每月一次的这个聚会才能透口气,要不然就是偶尔去烹饪教室学学料理而已。

玲奈:料理手艺还是必须有的。不管怎么说,用美味料理引男人上钩也是一条路嘛。还有,结了婚每天都要看同一张脸,颜值也是很重要的。另外,就算现在自己有工作,结了婚生了孩子也得放下,不能找赚不动的人。

千枝:我那个男友,一点都赚不到钱,愁死我了……

理香:玲奈,你就别再多嘴了,瑞穗本来就眼高过顶了。

瑞穗:才没有呢!差不多就好。

千枝:你说的差不多,是什么样的?

瑞穗:差不多能交流,差不多的兴趣爱好,差不多的工作,能分担差不多的家务和育儿义务,差不多每年带我出国旅游两次……

理香：这要求一点都不"差不多"好吗！这样的人，在这世上根本不存在。瑞穗，你还是得客观冷静地评估一下自己的市场价值才行。

瑞穗：也是哦，我年纪也不轻了……就算那样我也讨厌没有梦想没有希望的生活，不过，婚还是想结的……

理香：你到底想还是不想啊，总是摇摆不定的。

千枝：话说回来，玲奈你们俩不是过得挺理想的吗？两人都有喜欢的工作，生活丰盛充实，还能互相分担家务。节假日可以各自做喜欢的事，或一起出国旅游，真让人羡慕。

玲奈：确实，对现在的婚姻生活没什么不满意的，但可能因为我们还没有孩子吧。

瑞穗：你们不要孩子吗？

玲奈：也不是，最近我老公很想要个孩子。我也跟着考虑过，但总觉得有了孩子工作就会受到影响。公司有位同事最近有了宝宝，宝宝不是发烧了，就是受伤了，保育园经常打电话过来，她每次不得不提前离开。但她留下的工作都分摊到我们头上，每天要加班，说实话很烦人。我可不想给我后面的同事添麻烦。

理香：话是这么说，但孩子也不是大人能控制得了的。

玲奈：不仅如此，这个同事能力挺强，原来是有升职的想法，生了孩子后公司明显就不再培养她了。这样看来有了孩子就和晋升无缘，也让我下不了决心。

瑞穗：不管有没有孩子，本来能升职当管理者的女人就少。在现在的社会体制下，女人就是没法出人头地。

千枝：看来我只能指望我那个男朋友奋发图强一举逆袭成功了。

理香：就你那个演员男友吗？

千枝：是呀，还是老样子，奔走于排练、海选面试和打工之间……

瑞穗：一直追梦也挺好的呀，我觉得他还不错呢。

千枝：我可是被搞惨了。没钱没闲不说，还不帮忙做家务。我现在还算正式员工没什么问题，如果结了婚有了孩子就不得不申请产假，到时候能不能生活想想就可怕。

玲奈：倒也是，千枝你那里也是冰火两重天啊！

千枝：所以我总下不了决心结这个婚。虽说我提出来他也会同意，但还是觉得太有风险。我们还在同居就借给他几次钱了。

理香：那可不行！你们住一起多久了？

千枝：已经三年了吧。

瑞穗：那和结了婚也没什么两样了呀？

千枝：感觉生活上就像已经进入倦怠期的夫妻一样了。我那个男友温柔体贴性格不错，我们也挺合拍，但是总觉得要结婚找个工作能力不强的也不行吧。

玲奈：听你这么说，我想起来我家已经快一年没有性生活了。

千枝：怎么会？你不是说你老公想要孩子吗?

玲奈：所以才不敢嘛，就算避孕也不是万无一失的。

千枝：不会欲求不满吧?

玲奈：一点都没有啊。

千枝：没法想象……

瑞穗：同感……

玲奈：结了婚，就那样了呗，是吧，理香?

理香：有了宝宝哪还顾得上啊。自然而然就变成无性生活了……

瑞穗：那老公的存在意义呢……

理香：嗯，当钱包吧?

千枝：那我结了婚估计也会没有了……那可不好受……

理香：又要做家务又要带孩子，有工作的还要工作，再要顾及性生活，有多少个身体都不够用吧？有了宝宝，身体和时间都不是自己的了。

玲奈：做女人真不划算，好亏啊！

瑞穗：不过，做男人也不容易吧。

玲奈：说是这么说，但女人还是很难突破自己的框架，如果超越别人就会被排斥。又能突破自我又兼顾工作婚姻的人，我是没见过……

千枝：我有时候会想，不应该就这样啊……但我也说不上自己不幸，就算有各种不如意，总体还算幸福。这难道就是女人的一生了吗？

看了以上四位女性的谈话内容，你是怎么想的呢？

是觉得难以理解，还是感同身受呢？其实，以上这场女生聚会的出场人物，都是以常到我这里来咨询上课的女性为原型，都是一些典型代表。

每个人都和众多人一样奋力生活，不能说不幸，也不算是失败者。但是，她们心里却一直怀着"人生就这样了吗？""我有没有选错（道路或男人）呢？"这样的困惑。然后某一天，因为受到打击或深陷疑惑烦恼，而选择来进行心理咨询或参加工作坊。其中也不乏抱着"今年一定要改变人生"的决心，或"虽然目前人生没什么问题，但想绽放出更多的女性光辉"的愿望来参加的学员。

当她们触碰到沉睡在内心的声音和真切的情绪时，那些不知不觉中的压抑隐忍，或得过且过的认命放弃被触动浮现出来，从而激发了她们解决问题的意愿。为此，心理学中所说的"女性面"和"男性面"就是解决问题的关键。

"女性面"和"男性面"

就如前言中提到的,"女性面"往往被误解为女性特有的特质,其实并非如此。它是不论男女人们原本就具备的特质。有些女性"女性面"较弱,当然也有"女性面"较强的男性。同样"男性面"也是男女原本就具备的特质。有些女性"男性面"较强,当然也有"男性面"较弱的男性。

"女性面"具备"接受被爱""不带评断接受事物的宽容态度""陪伴人心的共情能力""培育力""看清真相的能力""创造生命的能力"等驱动内心的动能。是那种只需要在那里,就能让人心甘情愿地想为其做些什么的力量。"男性面"所具备的是,"对外释放能量""改变事物""力求前进""给予"等面向外在世界的动能。比如,在车站见到有妇女老幼因众多沉重的行李而束手无策时帮忙提上楼梯,或在生命中重要的人遇到困难时迅速伸出援手等立刻行动的力量。

"女性面"和"男性面"特质不同,但都拥有强大的力量。可惜的是我们虽然原本都具备,但却没有充分发挥它们。

为什么会这样?因为现代社会中"被夸大强化的男性面"呈现了主导的作用。

"被夸大强化的男性面"因恐惧和欲望的动机而被驱动，造成了女性面价值的缺失，从而影响"成熟的男性面"使其得到充分的发挥。女性面和男性面也因此失衡。

如果"成熟的男性面"和"成熟的女性面"回归良好的平衡状态发挥应有的作用，那不论自我的内在世界还是与他人的关系，都会呈现出以下的情况吧。

当"男性面"意气风发地说"我要再接再厉争取更多成功！"时，"女性面"提出"最近实在太忙了，休息一下吧。停下来好好观察，沉淀一下也好。"

听到"女性面"的提醒，"男性面"清楚地认识到"是哦，最近过分忙碌没时间照顾自己的身体，今天就好好休养一下吧"，做出休息的选择及行动。"男性面"通过休养满满地充电，又能精力旺盛地积极行动了。

"女性面"在一旁以温柔安然的眼神凝视着这些。如果你能够用心倾听女性面发出的温柔声音，男性面也获得了满足和安全感，自然会站出来主动付出。

女性面的成熟，引导男性面自然健全地发挥，而男性面的健全也会推动女性面更加成熟。两者互相保持平衡，携手共进。这样的循环维护"健全的女性面"和"健全的男性面"的平衡，促进成长，周边的人也能构建起满足幸福的关系。

如果现在的你没有100%闪耀出自己的光芒，或没有感受到人生100%的喜悦，就说明你的"健全的女性面"被云层遮挡住了。有如日本神话中的天照大神藏身到天岩户后面，世界陷入黑暗一般。

你也可以拨开遮掩你女性面的那些云雾，找回自己的那一面。为此，觉知自己"情绪"极为重要。

想要拨云见日，首先你要下定决心，强化自己的意愿"我要活出女性面，让人生更闪耀！"这份决心会让你心中的太阳突破云层，放下一道光梯，成为指引你找回女性面的道路。

充分发挥女性面，能让你无论身处什么环境，都能心平气和安宁放松地度过每一天。不会刻意去评断事物，能够以灵活多元的角度去看待，从而自然清晰地知道自己应该做什么。

这样，人与人之间的连接也会更自然温润。当自身时刻被充盈满足，就能切实感受到自己领受的幸福和丰盛，吸引更多的美好来到身边。

伙伴关系是什么？

我们每个人在出生后，历经儿童时期、青少年时期，依赖父母、依靠学校和社会逐步成长,渐渐成年,走向"独立"。

我们认为,独立就代表已是一个成熟的成年人了。

但是,为什么很多人就算独立成人,也总是感到人生八方受堵举步艰难呢?

其实,在人的心灵成长道路上,"独立"并非最终阶段。在"独立期"后还可以到"相互依靠期",也就是到他携手互助共进,共享人生的喜悦和幸福的更高阶段,比起独立生活更轻松容易,丰富多彩。

伙伴关系不限于恋爱婚姻关系,在朋友之间,父母孩子之间,或同事之间也能实现。不过当今社会能够有健全伙伴关系的人是极少数……可能没有人告诉我们构建伙伴关系也需要做相应的准备。

目前"被夸大强化的男性面"占主导优势,女性面的价值被看轻。发生这种状况源于我们的儿童时期和青年时期有很多事没来得及做也没来得及学。

"总想向父母撒娇得到他们的娇宠,但因为有了弟弟或妹妹没法得到想要的关注。"

"被父母或朋友伤害、背叛,无法再相信别人。"

"年幼时遭遇了事故或经历过生死离别的严重打击,对世界心怀恐惧。"

这些经历我们谁都会有,但我们并没有完全消化接纳和克服就长大成人,还以为自己已经是个"成熟的大人"。

很多人就算生活经济上做到独立，但他们在精神上并没有独立。那些认为自己"能完美掌控情绪，成熟应对事情"的人，其实也不一定代表他们已经健全地独立了。

为了能健全地独立，再进阶到伙伴关系，就必须觉察到那些自己都没意识到的"依赖期未完成的功课"。这些都体现在你"情绪的认知程度"和"女性面的成熟程度"上。

当那些未被化解的"依赖"得到充分满足，情绪和女性面将随之成熟，从而发挥健全的男性面和女性面与对方连接，构建幸福的伙伴关系。

伙伴关系能带给你身为女性最高的幸福和恩典。请你满怀勇气踏出一步，和本书一起去探索你的"情绪"和"女性面"吧！

第二章
如何寻求最佳伴侣

找不到伴侣的女性应该放下的 5 个执着

总是找不到伴侣的女性有一个共同点，就是"一直抱着某些执着"，而且很多人还浑然不知。首先，你必须了解自己到底抓着什么执着不放。

这些执着大致可以分为五种类型。

● **该放下事宜之一："对前任的不舍和留恋"**

如果对过去喜欢的人还存留着强烈的感情，新的伴侣就很难出现。被对方伤害的愤怒、心碎、悲伤和憎恨等负面情绪，在不知不觉中演变为执着，成为人生的绊脚石。就算痛定思痛分了手，如果还是不愿放下这些想法，你的那个正缘伴侣想必很难出现吧。

在这里我想要大家注意的是，在心中一直留有对前任的执念，就好比自己在心中搭建了一所监狱，还一日三餐去喂养那些负面情绪。是的，你把那些本该用于和新伴侣一起创建新生活的宝贵精力，都花到不停惩罚那个伤害了你的前任上去了。

为此，你也失去了自由。

如果觉察到这一点，你会觉得对前任一直抱有愤怒或怀恨在心是多么的愚蠢可笑，自然也愿意放手了。

还有些女性就算有了新的恋人也会把他们和前任做比较，最后，比来比去对现任心生不满而选择分手。

对过去分了手的那些人的美好回忆或情感，与其说是执念，不如说是一种眷恋。但这份眷恋却阻碍了你获得新的伴侣和幸福的亲密关系。

对前任们的某些性格和才能的眷恋，也会成为一块绊脚石。举例来说，你对曾经喜欢的那个男人的包容念念不忘，那你就会觉得新男友好像是个心胸狭隘的人；你对和前任之间的美妙性爱和身体的默契念念不忘，那你就很容易对新男友产生性爱上的不满或觉得双方体性不合。

其实每一个男人都有不同的精彩特质和才华本源。但是，如果你对前任们还是存留着喜爱和眷恋，那么你越放不下，新男友们的精彩特质就越难发挥出来。你会觉得他们没有那份特质，没有才华或能力，感觉他们不够好。

我们要放下的不仅是那些曾经喜欢的人，就连他们的那些让我们眷恋难忘的特质和才能也要放下。这并不意味着让我们去否认和抹杀曾经发生过的遇见，而是让我们不要对某些特定的东西执着，这样才能迎来新的伴侣。

无论是对美好回忆的正向情感，还是对那些糟糕经历的负面情绪，只要过去的那个人不断浮现，那你心中就没有新的空间留给新的对象。有些人自以为已经把前任们忘得一干二净，但可能只是更小心地埋藏到内心深处而已。

所以首先，下决心"放下过去的人、事、情感和回忆"，你的新历程就开始了。

●该放下事宜之二："从父母那儿继承的模式"

我们在不知不觉中从父母身上继承了婚姻观念、亲密关系模式、情感表达习惯等种种。

有些女性一直目睹妈妈为爸爸和孩子们付出和牺牲，或一直耳闻妈妈的念叨"结了婚就得忍忍忍""婚姻是人生的坟墓"，久而久之也将其定型为自己的婚姻观。受其影响，为了避免这种烦恼和痛苦，她们心底暗下决心不想结婚。

那些"想结婚又结不了"的人，基本上都有这种潜在模式。意识表面向往"幸福的婚姻"，然而内心深处却认定了"结了婚就会不幸""父母的婚姻生活不幸福，我不想重蹈覆辙""男人都会出轨"等观念，内心分裂拉扯，创造出"想结却结不了"的现实状况。

相反，有的因为父母关系太好而萌生"我做不到像他们那样完美的亲密关系"的想法，总有比不过父母的"劣等感"，因而也以为自己"想结却结不了"。如果我们能觉察到内心深层的这些感觉，便可以告诉自己"那些都属于父母，不是我的"，立下决心"我要选择有爱的亲密关系"。

有些人会继承父母在亲密关系中展现出的情感表达模式，"爸爸很凶老发脾气，妈妈就是个受害者总是躲起来"

或"爸爸沉默寡言不善交流,妈妈看不惯爸爸总是歇斯底里地发脾气"。那些在儿童时期所讨厌的父母的行为和特质,长大以后却发现自己身上居然也有,因而厌恶自己。你有没有这样的经历呢?正因为知道自己和伴侣都可能有和父母同样的言行,为避免对自己和对方失望和愤怒,有些人也会在心底选择"不找伴侣"。

在此,我们需要极大的勇气才能原谅父母之间令人生厌的关系和互相交流沟通的方式。"原谅"父母令人厌恶的地方,单靠自己是一个很艰难的过程。建议大家通过心理咨询或借助专业人员的力量进行处理。本书中可以参考第六章"从母亲身上找到爱的种子,真正的伴侣就会出现"。

● **该放下事宜之三:"无法放下单身的自由快活"**

"有了伴侣,就会失去时间和金钱上的自由,再也不能像单身时那样随心所欲地生活了",这么想的人,也很难找到伴侣。

看着那些结了婚的朋友或前辈,很多人都会萌生"结了婚就无法自由支配时间和金钱,不得不忍耐""如果为了伴侣和孩子要牺牲自己,不能打扮也没有娱乐休闲,我宁愿不结婚"这样的想法。其实,这些想法都只是我们的误解而已。

如果能构建起健全的亲密关系,不仅不会受到限制,身心也会愈加自由，人生的喜悦也会翻倍甚至更多。然而，世间营建起健全的亲密关系的人为少数，世人难免都会觉得婚姻让人身陷囹圄。

当然，确实不能像单身时那样自由地支配时间和金钱。不过，这并非是不情愿或牺牲自己的那种不自由，而是进入亲密关系后会自然地发生转变，把只花在自己身上的时间和金钱用到两个人身上。

而且，比起那份单身时享受的自由自在的喜悦，更要美好几倍。

如果你还是觉得"有了亲密关系就不得不忍耐或牺牲，或因为义务和责任而不得不做什么。不想这样，太可怕了"，说明你可能继承了父母的模式，或因为过往单恋、恋爱留下的伤痛还未被疗愈。

这种情况，建议你去回顾一下过去的恋爱为什么会让你受伤，哪里让你留恋，或去觉察你从父母身上继承的模式到底是什么。

● **该放下事宜之四："不愿求人"**

那些找不到伴侣的女性中，有很多人做不到求人或对人撒娇。

她们中有些身为长女或父母双方都要工作，不得不什么事都自己干，从而缺少了让她们依赖大人向大人撒娇的机会，就在这样的环境中长大成人。或有些人是因为父母的教养就不允许她们依赖或撒娇。因此她们无法向别人呼求帮助或支持，无法撒娇发嗲，遇事也只能一个人烦恼。

如果承认"自己无能为力"，或向他人展示脆弱，这些女性会觉得仿佛是自己认输，成了一个无用之人。

"不强大就无法生存"的观念，其实都是源于社会和父母对我们的"洗脑"。我们要拿出勇气，从小事开始，承认自己做不了的或不擅长的，交给其他人去做；或坦诚地表达自己需要帮助。男人们比你想象的更期待被女人依赖或撒娇。

●**该放下事宜之五："固守个人形象"**

总有人感叹说"我找不到男朋友因为身边没有好男人"，但让我们换一种看法。

我们常把自己以为或认定的性格和特质叫作自我形象，或自我认知。比如说，"我看上去不是个漂亮女人，所以男人不会来追我""我还挺受欢迎，应该有更好的男人出现""我性格比较像男人，所以男人都会远离我""我烧不了一手好菜，可能婚都结不了"，等等。正因为有这些对自我形象的判断，或者认定自己就是这样的人，所以很多人找不到伴侣。

在这里，让我们假设一下："我"对自我形象的判断创造出了没有伴侣的外界现实。自我认知过分强大，反而成了限制，遏制了人生的种种可能。其实，很多我们所持有的自我形象认知只是我们以为的而已，但是我们却强烈地认定"那就是我！"

首先，你必须意识和觉察到自己都有些什么样的自我形象和认知呢？"正因为我是如何如何，所以找不到伴侣"，在这个"如何如何"里，你会填上什么词语，请把它写在笔记本上。比如说，"我找不到伴侣，因为我很胖，我不漂亮"；"我找不到伴侣，因为我不会做家务"；"我找不到伴侣，因为我已经不年轻了"；"我找不到伴侣，因为我太喜欢工作了"；"我找不到伴侣，因为我很任性，而且容易情绪化"；"我找不到伴侣，因为我有孩子"；等等。而这些都是我们给自己定义的自我形象。就算所说的可能是事实，但是这些自我形象的认知和你找不到伴侣之间其实并没有什么因果关系。

就算不是美女，就算固执己见，但是这世上也有很多人有一个幸福的婚姻家庭。她们不太会做家务，总是以事业为重，但是有自己的伴侣，且伴侣还非常地支持她们。

你自己把个人形象和找不到伴侣的现实关联起来，以此作为找不到伴侣的理由。所以，我们要把个人形象和事实区分开来。

请你不要否认对自己的认知，你可以持有这些特质。重要的是不要对抗你认知的个人形象,要去接纳现实。因为这就是你,接受自己,并拥有被爱的意愿。

有一个魔法词,能让你接受自己的个人形象,让伴侣爱上你,这个词就是"同时"。

它就像一剂药水,能融化那些把个人形象和没法找到伴侣牢牢粘住的强力胶。你可以尝试这样写下来,"我确实很胖,也不是美女,同时我相信我能找到我的另一半";"我确实不太会做家务,同时我允许我自己被爱";"我确实已经不年轻了,同时我也可以有一个很棒的伴侣";"我确实非常任性,同时我也能找到伴侣,两个人一起幸福"。

如此,在"同时"这个词语后面,加上让自己感觉兴奋,真正渴望的宣言。通过这样的方式告诉自己,那些"我不行"的个人认知,并不等于说你无法找到一个优秀的伴侣并享受爱情。

在我的学员里,有一位屡屡恋爱失败,一直没有自信、烦恼不断的女性。虽然她有些胖,但是笑起来特别灵动有魅力。我觉得她将来的伴侣一定有这种感受,只要她在身边就会被疗愈。

我告诉她:"你要相信自己,拥有活出幸福的这份礼物。"她听后,仿佛被唤醒了久远的记忆,说道:"是的呢,以前大家都很喜欢我",从而找回了自信。之后不久,她就找到了自己的如意郎君。几个月以后,她为了获取更多的幸福，又来上我的课。我发现她比结婚前瘦了很多，更容光焕发了。当然她也一直保持着让男性和周围的人感到幸福的笑容。

很多女性会极力认为，"为了结婚一定得减肥。"其实，并非瘦下来才能结婚。找到合适的伴侣，结了婚以后再考虑瘦身也行，不瘦也可以。

如何让能给你幸福的男人爱你

女人们都有一个愿望，就是"想让男人给自己幸福"。而男人们也与生俱来就有"要让女人幸福"的特质或使命感，所以不知不觉间，女人们就会偏向依赖男人。这样一来，两者间的关系就失去了平衡，男人们会感到被情绪化的女人们缠得透不过气来。

建立良好关系的第一步就是"接受自己"。能接受自己的人也能接受别人，和其他人相处得更好。所有的一切都从自己和自己的关系开始。

在此基础上，女性决定两者关系的去向。想让亲密关系更有进展，不仅需要"爱他如他所是"的女性面特质，同时也需要一些行动力和付出等男性面的特质去推动消极被动的另一方。我们可以通过以下几步来深化和他的亲密关系。

● **第一步　拥有"自我疗愈"的意愿**

女人们总想得到自己喜欢的男人的爱，但是光靠"想要被喜欢"无法让关系有所进展。

过分执着于对方，索取爱的行为是源于童年时期的依赖课题还未处理完。她们和父母之间的关系中还残留着很多悲伤和孤单的情绪，或总认定自己不行，有强烈的受害者意识等，都会让人反复去经历不受重视、不被爱的体验。

我们也可以参照之后第三章、第五章的内容。很多超级独立的男人都会看不起那些负面情绪，或者觉得情绪化是非常丢人的事，所以就算你多么生气多么伤心，他也不会来安慰你，甚至会躲得远远的。

这时你不要找他，可以找自己的朋友或咨询师去倾诉自己心中的情感，花些耐心和时间接受自己的情绪，以好好安抚自己为重。

● **第二步　在自己身上重新发现被对方吸引的魅力**

你在对方身上感受到的那些魅力特质，比如说工作能力强，开朗活泼，社交能力强，自由自在等，都是在你身上还没有完全展现出来的一些特质，也是童年时期被你丢下的那一部分。也就是说,你喜欢上的是自己理想的样子,你以为自己没有所以想在对方身上获取。

女人也可以有意识地在自己身上实现喜欢的男人的那些优点,让自己更加闪闪发光,这样可以淡化"非他不可"的执着,或许有人还会感到自己喜欢的类型产生了变化。

●第三步 找回力量,相信选择的钥匙握在自己手中

无论和什么人交往,都不要一味想着让他给自己幸福,而是要带着强烈意愿选择"我是幸福的","和他一起获取幸福",相信自己有如此强大的力量。

不管对方多有魅力或故弄玄虚,决定这段关系方向的人是你。清晰地认知到自己掌握着选择的那把钥匙,这样你该去往的方向及与对方的关系也会自然明朗。

●第四步 选择只看你、诚实可培养的男人

经常有女性问我,如何让自己单恋的男人注意自己,或爱上自己?

我会这样建议她们:如果你真心想获取幸福,就放下那些不选择自己的男人,去选择那个真心爱你,诚实又可培养的男人。

那些不仅对他们自己,对你也正直诚实的人;那些只会看着你,选择你的人;可能他现在还不成熟不完美,但是

有成长潜力的那个人。

他因为爱你,所以愿意听你说什么,这是识别的重点。可能你在相识之初,感受不到这些男人的魅力,或没有心动的感觉,或感觉交往不够刺激、很无聊,或者靠不住没有担当,但是那个爱你的诚实的男人,才有可能在你的培养下成为一个优秀的好男人。你也需要坦率真诚地告诉他们"我希望你这样做""我希望我们一起去做什么""我不希望如何被对待"等自己真实的想法。

当两人关系热乎时,他的那些没有时间概念、花钱大手大脚、饮酒过度,或老是说自己父母坏话、容易吃醋、管得过严等毛病容易被忽视。如果两人想有一个持久和谐的关系,很重要的一点就是看对方愿意不愿意为你而成长。你看到对方的变化,也要告诉他:"谢谢你,我太高兴了",这样对方也会更有意愿。在此要强调一下,这种交流在对方还为你着迷的热恋初期进行最为合适。

虽然可能需要花些时间,但是把一个诚实的、只爱你的男人培养成一个有魅力且优秀的男人,又何尝不是女人的妙趣所在呢?

如何看他爱不爱你,是否诚实可信,有无可教育培养空间,可以去观察一下当你们不在一起的时候,他有多想着你就知道了。比如说经常想着联系你,会送花,或者记得你的喜好,等等,都是他对你的爱意表达。

那些总是忘了你的存在的男人,我们可以判断他们没有意愿构建一段亲密关系,放下就好。不过,当爱你的那个他埋头于自己喜欢的、有价值的工作时,也需要你给出充分的理解和信任。

第三章

找到最佳伴侣的宝典(咨询案例)

咨询案例1 没有相遇

瑞穗：我想找一个伴侣，但总是遇不到那个人。

弘美：那你有没有积极主动地去那些可能遇到这个人的地方呢？

瑞穗：我工作太忙了，哪儿去得了！平时也是家和公司两点一线，不过每月有一个周末会和女朋友聚会，两周去一次料理教室，或者去做做美甲。

弘美：原来如此，看来你的时间都用在工作和提升自己上了。这种循环往复的生活想必不太会有什么邂逅吧。

瑞穗：确实，这几年好像太忙了，生活模式也比较固定。

弘美：很多时候，让自己过分忙碌是因为害怕拥有伴侣哦。

瑞穗：但是，我确实想找一个伴侣……

弘美：你的头脑可能想要，但心底就未必了。也就是说，有些人感觉交了朋友以后反而会引发麻烦，所以她会把自己的工作生活安排得满满的，不让自己有这个时间。接下来我们来做个小游戏吧，假如你对自己无所不知，请回答我的问题：瑞穗，如果你知道，你为什么害怕拥有伴侣呢？

瑞穗：我倒从未想过我害怕……如果有了伴侣，可能担心不知什么时候会分手；害怕如果价值观不符，可能会离婚；就算不离婚，哪一方先去世，总会有离别。

弘美：也就是说，你觉得当你拥有一个伴侣后，你就会失去他。那还不如一开始就不要，就不会失去了，是吗？

瑞穗：还真是呢，我一直以为我想要一个伴侣，但没想到我心底却不想要。

弘美：如果你有了伴侣，你还会害怕什么呢？

瑞穗：如果有了伴侣，我可能会展现出自己不好的那一面，这会让我很不开心。和前男友交往时，我对他管得很严，这让我自己都讨厌自己。

弘美：当我们有了伴侣，必然会显露出自己隐藏着的那部分。在亲密关系中也需要去接受自己讨厌自己的部分。

瑞穗：看来不只我一个人会在交往后"原形毕露"啊，我似乎放心了一些。

弘美：束缚对方是因为你觉得你太喜欢他了，都没有办法控制自己了吧。

瑞穗：是啊，完全只想着对方，自己都觉得很累，也特别讨厌这样的自己。

弘美：喜欢一个人，就好比童年时期那种毫无防备的状态，你害怕自己因为不设防而受伤。

瑞穗：原来恋爱了就像做回孩子一样啊。

弘美：这并非坏事，孩子们本身就是那个纯真被爱的存在，如果成年的我们也成为那样的存在，就能让自己的伴侣和周围的人更加幸福。但是，当我们陷入恋爱后，更容易引发的是孩童时期的负面感受。

瑞穗：我没想到原来我害怕拥有伴侣。

弘美：首先，重要的是觉察到自己当下的状态。另外，我注意到你懒得去交友，却定期去参加女朋友们的聚会。常和女性朋友聚在一起不太容易找到伴侣哦！女生聚会里你们都说些什么呢？

瑞穗：大家一般都会讨论一些恋爱、结婚、生活相关的烦恼。

弘美：假设你找到男朋友，你跟朋友们会说些什么呢？

瑞穗：我们可能会说"结了婚每天都盯着同一张脸看，一定要选颜值高的人"或者说"女人结婚生了孩子就很难工作了，别找个不会赚钱的人"等等。

弘美：女朋友之间的友谊理应让人生更加丰富多彩。但如果大家聚在一起，一个劲儿地说自己喜欢的人或男朋友的坏话，就会把彼此带偏了。不仅如此，总是跟女朋友们在一起，就没有男人参与进来的余地了。更何况最近的男生都有些胆小，这样会让他们不敢接近你。

瑞穗：确实，我们在一起会聊关于喜欢的人或男朋友的坏话，同时也会聊到男人们的收入、职位或者他带自己去哪里、送了什么礼物，等等，会有一些暗地的攀比和竞争。

弘美：那你需要一些真正关心你、告诉你"最重视你的人才最适合"的好闺蜜。

瑞穗：这么说来，能给我这样意见的女朋友在我的聚会上不太能找得到，但是我不参加她们的聚会又会觉得自己一个人有些孤单。

弘美：也别觉得寂寞孤单不好，这可能成为你寻找伴侣的动力。哪怕你一个人去人多的场所，和有感觉的人聊聊天，也能打破现在的生活模式。你可以和新干线、飞机上邻座的人，无论男女聊聊天，从这些简单自然的交流中也可能出现新的缘分。

瑞穗：年纪到了30过半，有时会想到底有没有和自己合拍的人，怎样去找这些合拍的人……想太多反而无法行动。身边也有人说要找到这样合适的人就像在沙漠里寻找一颗钻石，或告诉我要好好掂量掂量自己的市场价值，我现在比不上二十几岁的人，等等。

弘美：一味重视市场价值可能会错过真正重要的东西，这是一种遗憾的想法。不过认识自己、提升自己也非常重要。

瑞穗：是啊，我会去学习烹饪，做饭做菜，定期做美甲，我也很注重自己的形象和礼仪。

弘美：我并不是指这些外观和技巧上的东西，职位的升迁或者学习跳舞，或在自媒体上发文、发朋友圈、买东西等，这些都是男性特质的自我提升。与此相比，以女性面特质做自我提升，比如说通过阅读提升自己，看见自己，接受自己，等等，原谅自己，爱自己也是。

瑞穗：看来我一直在用男性面的方法做自我提升啊。

弘美：经常有人感叹自己的真命天子在哪里，越是这样越可能找不到。作为女人，充分面对自己，在女性面特质上提升自己，相信在某个地方，另一半也在不断努力和成就着他自己，两个人在同时成长。当你真的看到并接受自己时，你眼前就会出现一个同样成熟的男性，你需要信任生命的这个过程。所以别再往女人堆里钻了，应该有意识地多出去找另一半。

瑞穗：您说的是。不过我又担心这样我的女朋友们会怪我故作清高或重色轻友，不愿和我做朋友了。毕竟闺密间的互帮互助总是需要的。

弘美：真心互相帮助的闺密不会妨碍你去寻找自己的另一半。你有没有想过你这样活到60岁是什么样的？感觉是怎么样的？

瑞穗：依旧单身，还是和现在的那群女朋友混在一起……

弘美：这是你希望看到的将来吗？

瑞穗：当然不是，我希望我们每个人都有自己的伴侣，都过着幸福的生活，在一起也可以开开心心地聊天。

弘美：如果你有这样的期待，你自然知道现在要做什么了吧。

咨询案例 2　我喜欢的人不理我，喜欢我的人我不喜欢

优子：我身边总没有好男人出现。我喜欢的人不喜欢我，而追我的这些人我又喜欢不上，总是觉得和他们不投缘。

弘美：你喜欢的人和喜欢你的人不一致，这是对自己没有自信的表现。内心深处总觉得自己没有价值，才会陷入这种错位状态。看来你需要爱自己原本的样子，提升自我价值，找回作为一个女性的自信。优子，你喜欢什么类型的男人呢？

优子：我喜欢的大都是说话风趣、人人公认的帅哥。

弘美：那喜欢你的人都是什么类型的呢？

优子：他们有点土气，说话平淡无奇，感觉很无聊。

弘美：对你来说，聊得来，说话风趣很重要吧？

优子：是啊，如果将来成为伴侣，不擅长沟通的人会很麻烦。

弘美：对男人的性格有各种要求并不是什么问题，但如

果成为必需条件,"非这样不可"或"不是这样的男人就不能让我幸福"的话,对你的幸福没有任何帮助。就好比你喜欢的不是这个人,而是更看中他的附加价值一样。

优子:但是和不会聊天的人在一起,不知道该怎么打发时间,感觉生活会很无聊。

弘美:但会聊天的人又不把你当回事吧。没准是你自己故意不让你喜欢的人喜欢你哦。有很多女性明知绝对追不到对方,却还要去追。她们这样做可能是害怕拥有一段真实的关系。你有没有被对方吸引,却在心里觉得"我配不上这个人"的想法呢?

优子:确实,我和前男友交往时,经常会有卑劣感、低人一等的感觉。两年前,在我和他交往了一年多后,他丢下一句话"我不考虑和你结婚",就和我分了手。但我一心只认准了他,所以被伤得很深。

弘美:你是不是还放不下这位前任呢?

优子:我想是的。他对我说,虽然我们不能成为人生的伴侣,但是我们可以继续做朋友。而我现在又没有男朋友,有烦恼或者很疲劳的时候我会联系他。他也总会回应和安慰我,让我很依赖他,或者说我内心也暗存着期待。

弘美:对这个前任你到底放下了多少?从0到100%,凭直觉用数字告诉我。

优子:现在的数字是70%。

弘美：这就代表你开展新恋情的机会少了30%。你有他的联系方式，还会时不时地依赖他，可能比70%这个数字还要低吧。

优子：只要我想到和前任要断绝关系，我就会心痛，悲伤不已，有种只剩我一个人孤零零的感觉。

弘美：这种"孤零零一个人"的感觉是不是在和前男友交往前就有了？比如说小时候有没有过同样的感受？

优子：我想起来了，5岁时，父母大吵了一架，之后父亲两个星期没有回家。当时我感到父亲不仅丢下了母亲，连我也抛弃了，心里特别的难受。

弘美：现在请你再进入当时难过的感觉吧。5岁的你觉得"我是不是被抛弃了，是不是没人爱我了"，所以一直对自己缺乏信心。

说到这里，优子回想起童年时的往事，闭上眼睛，表情十分悲伤。她深深地沉浸到当时的回忆中泣不成声，十分钟后她终于平静下来接着叙述。

优子：我真没想到5岁时的那件事，对我打击那么大，让我这么伤心。我一直以为，"父母吵架，父亲离家出走了"，仅此而已，从没有多想过。

弘美：看来童年时期留在你心里的那些打击、悲伤和孤单对你的恋爱造成了很大的影响。你和前任虽然分手，但是这也是为了成就你获取幸福的亲密关系的一段经历。现在让我们带着爱和感谢放下他吧。

优子：虽然我还感觉有些心痛，但为了将来，我会努力不再联系他。

弘美：如果你今后有了真正的伴侣，还想和他成为朋友，没准可以，但是现在最好别再联系他。况且等你有了真正的伴侣，你甚至都不想再和他联系。如果你对这位前男友还有愤怒和心碎，让我们用泪水去冲刷它，放下他。

优子：是啊，我感觉还有被伤害的心碎的感觉。

弘美：你可以像刚才一样，去感受这些情绪和感觉，想哭就哭出来吧。

此后，优子又花了一些时间去面对和感受心碎的感觉。

优子：当前男友提出分手时，我深受打击。不仅如此，还憋了一肚子的怒气。可能是我不想承认自己生气，因此还对他有一份不舍。现在我有点明白您说的放手的意思了。

弘美：你离真正的伴侣又近了一步啊。

优子：真的吗？

弘美：相信"我一定能遇见真正的伴侣"非常重要，可能因为你以前不相信这点，才会抓着你喜欢的那类男人们不放。

优子：要相信自己能遇到真正的伴侣，具体应该怎么做呢？

弘美：可以观察一下周围的男性，上级或工作中的前辈，年轻的下属，父亲或哥哥弟弟，男性朋友都可以。"这个人一直忙个不停，怎样才能帮助他有休息日呢？""一出去跑业务就不回来的同事，怎样能让他回来呢？"观察一下这些人的状况，看看自己怎样帮助他们。这样做能让你自然而然地练习如何在关系中相处，对自己也更有信心。另外，如果今后有人喜欢你追求你，除非实在无法接受，哪怕看上去有些无聊，也可以带着"我可以把这个男人培养成很出色的人，让他成功"的态度去接触，这样可能培养出和以往恋爱不同的关系哦。

优子：虽说现在我还没有喜欢上喜欢自己的人的自信，但也不会执着一定要让自己喜欢的人看上自己了。

咨询案例3　开始被追，最后被甩

彩香：最近几年我总是重复同样的恋爱经历，到最后伤痕累累，真的受够了。

弘美：你说同样的恋爱模式，具体能说明一下吗？

彩香：我会遇到一些男人，一开始他们特别热情地追求我，但交往之后总以我被甩结束。不知不觉在交往的过程中，两个人的立场会逆转过来。刚交往时，对方非常热情天天吵着要见我，而我没那么心急，有时还不得不调整各种预先的安排和他们约会，在关系中处于优势，游刃有余。而就这样发展下去后，他们渐渐会迟到、随意更改时间，甚至放鸽子，而我会逐渐在意他们在干什么，干涉他们的生活，发脾气，等等。于是他们嫌我烦，离我越来越远。

弘美：看来在交往中你总是迎合对方的节奏啊。是不是为了和他见面，工作也会有所怠慢或疏远了女性朋友，放弃了兴趣爱好和学习呢？

彩香：当对方知道他的休息天我有其他安排面露遗憾时，我就觉得很过意不去，禁不住调整安排来配合对方。

弘美：这些男人开始时一定是被你生机勃勃闪闪发光的样子吸引而接近你。但随着交往，看到你变得言听计从随叫随到，可能就不再感受得到你的魅力了。

彩香：那这样说，当时我应该再折腾他们一下喽？

弘美：并不是让你去控制对方，而是看你有没有活出自己的人生。另外，善于撒娇也很重要，当时你有没有向他们撒撒娇呢？

彩香：我从来就不太会撒娇，总觉得不好意思或害怕因为自己的任性而被对方讨厌。

弘美：即便你不撒娇发嗲或不任性蛮横，对对方言听计从无微不至，结果还不是被甩了吗？

彩香：所以我才不知道怎么办好……为什么会发嗲撒娇

那么重要呢?

弘美:这是一种邀请,邀请对方进入自己的世界,并建立和培养亲密关系。恰到好处的发嗲撒娇,能让对方有甜蜜幸福的感觉。不擅长发嗲撒娇的人,在不知不觉中会过分地依赖男方,引发他们的厌恶。并不是说依赖不好,那些糟糕的发嗲撒娇,完全不为对方考虑,把所有负面情绪压到对方身上,会让对方喘不过气来。

彩香:这么说来,撒娇和依赖还不一样啊。我现在明白为什么我在交往中不知不觉立场就颠倒了,因为我不太会灵巧地撒娇发嗲,而是全部心思都挂在对方身上了。

弘美:彩香,你有兄弟姐妹吗?

彩香:我有一个妹妹,她非常机灵,这么说来她比我会撒娇发嗲。

弘美:有这样的妹妹你有什么感受?

彩香:我总觉得她有点狡猾,但是又很羡慕她。

弘美:你妹妹的亲密关系怎么样?

彩香:她20岁结婚,现在有两个孩子。虽然孩子还小,带孩子也很辛苦,但是她会撒娇求人,和老公关系处得不错,日子倒也过得很舒服。

弘美:擅长撒娇的人,不管是亲密关系还是人生,都会很顺利哦。可能你以前交往的那些男人,也一直在压抑想要你撒娇的那份心吧。如果女人过分依赖,男人们就不得不去面对自己不成熟的那一面，导致他们想要逃离。他们是不是很讨厌你变得情绪化？

彩香：是的，我一生气一哭闹，他们就会不耐烦地甩门而出，甚至联系不上。

弘美：很多男人不愿意看到自己的弱点。当女人们把一堆情绪扔过去时，让他们感觉自己没有让对方幸福而产生挫败感，所以想要逃跑。

彩香：我一直以为柔弱是缺点，但就算我努力更强大，一旦动了情喜欢上，又会很情绪化不受控制。

弘美：你说的情绪化是怎么回事呢？

彩香：比如他临时取消约会，在一起也心不在焉，这时我就会对他发脾气，感觉没人理我，我会伤心哭泣……哎，回想起来我都想哭。

弘美：这些情绪的根源是由于你小时候想得到父母的理解和接受而产生的，在现在的恋爱关系中又被触发了。

彩香：是的，现在我觉察到我所交往过的男性都和我父亲有些相似。他们都是很温柔的人，不过每当我想跟他们说一些难过的事，他们就会生气或视而不见，甚至逃离。我对他们的这些反应感到非常生气。

弘美：你还在对那个不理解你、没有以你想要的方式来爱你的爸爸生气吧。你爸爸并没有以你想要的方式表达对你的爱，你要接受这个事实。你的功课是选择一直指责和抱怨下去？还是接受这个事实？如果你能接受，那么面对男人也不会像以前那样有那么多的不安，就能更自然地展现你自己。

彩香：我选择接受。

弘美：那我们再往下深挖一些，这一层愤怒的情绪下面又是什么？

彩香：是伤心和寂寞。

弘美：现在去看见和接受这些情绪吧。这些情绪在你心中一直无法消化，也无处安放。

彩香沉浸其中去感受这些情绪，过了一会儿终于平静下来。

弘美：当你和男性关系更亲密之后，你会把对方当作自己的爸爸，因为你没有得到你想要的爱，所以会对对方产生过度的依赖。想尽办法迎合对方的女人会让人感到乏味和无聊。要有一点傲气，让对方觉得，"别以为我们上过一次床，我就是你的女人了"。

彩香：是啊，一旦当我觉得"这个男人是我的"，我就开始盯着他，追着他不放了。

弘美：那就不是爱，而是执着了，你们的关系就会一下子颠倒过来。你追着他不放，是想把对方怎么样呢？

彩香：我想把他抓在手里，让他认可我，因此才会有"非他不可"的执着。

弘美："非他不可"也并非是一个事实。你想通过对方来弥补自己的不足，所以才会执着。重要的是，不需要通过利用对方，你要给自己充分的认可，活出闪亮的自己。女性要想让自己活得更加闪耀，就有必要让自己的女性面更加成熟。

彩香：这又是什么意思呢？

弘美：男性面是指走向外界，去付出去行动的那种能力。但光使用这种力量，谁都会疲惫不堪，这时就需要关心安慰，温柔的包容，安抚和疗愈，而这些正是女性面的能力。

彩香：我一直都没有使用女性面的力量，所以才在亲密关系里那么的不顺利啊。

弘美：有这个可能。如果自己内心的男性面、女性面能得到平衡，也不会一直被对方呼来唤去，牵着鼻子走。为了达到这种平衡，首先要练习不带否定和批判地去看到涌现出来的情绪，并接受它们。那些让人难受的负面情绪，只要你愿意看到它们，陪伴它们，它们就会消失，这样你就能神清气爽地往前走。同时，尽量去做自己想做的、喜欢做的事，不断重复积累，你会感到自己的人生越来越充实满意，闪闪发光。

彩香：确实，刚才我不逃避地去感受那些伤心和寂寞冷清，感受完就感觉自己的力量回来了。刚才我突然觉察到，以前我总是关注自己，没有看到对方，也没有考虑过他们的感受。可能他们内心也受了伤，有各种各样的悲伤和难过。

弘美：是的，当我们接受了自己，才能更多地看到对方，这样才能调整自己，去构建一段健康和谐的亲密关系。

彩香：我以前都没想过，原来亲密关系也需要调整和准备。下一段关系，我更愿意去理解和贴近对方的心了。

弘美：了解他们的感受当然重要，同时也要注意不要成为他们的"妈妈"。当你成为他们的母亲，男人们就不会感受到魅力，也会离开你，这种也不能算健全的亲密关系。

彩香：那想要有一段健全的亲密关系，应该怎样做呢？

弘美：就像刚才我说的那样，首先要活出你自己，活出闪闪发光的样子，不要过分迎合男性。我丈夫在结婚前约我的时候可殷勤了，因为我特别忙，所以他要赶快约上我的时间，不然我就会有其他的工作。女人有时对男人姿态高一点也是必要的。

彩香：那是不是看到这种姿态就跑的人，不要也罢？

弘美：应该说要掌握为对方着想和尊重自己的平衡。

彩香：好的，我先更多地接受自己，把每天过得闪闪发光吧。

咨询案例4 喜欢上的男性都是已婚者

由结：不知为何，虽然我不是故意的，但是我喜欢上的人或我交往的人，都是结了婚的。有些人我以为他们没结婚而开始交往，但之后会发现他们已经有家庭了，只是我不知道，就这样被迫成了第三者。我对这样的自己也是厌烦透了。

弘美：这些男人是不是看起来非常优秀出色？穿着打扮时尚得体，说话贴心，约会的安排和礼物也都很有心思，非常浪漫，有钱或很有地位，是不是？

由结：是的，他们都堪称优秀完美。

弘美：这些成熟出色的人，看起来非常吸引人，但这些人往往都结了婚。

由结：是的，为什么呢？

弘美：你所交往的这些男人并非一开始就是那么出色。某种意义上来说，他们因为有妻子、孩子，才会成长为这样的男人。

由结：那有没有单身的、出色的男人呢？

弘美：由结，你想结婚吗？

由结：当然想！我想结婚，和对方一起建立美满的亲密关系。

弘美：那么让我们这样想，想象你和以往交往过的男人中的某一个结了婚，不管他如何有社会地位，如何成功，多么的完美，这段关系也未必能够一直维持下去。如果这个男人哪天遇到变故，突然身无分文，你还愿意和他继续下去吗？

由结：我好像有点想打退堂鼓了。

弘美：维护一段婚姻关系或亲密关系，需要一种"就算他身处逆境，有我在就没关系，哪怕从头来过也能让他成功"的女性面的态度，以及双方同甘共苦、共经风雨的意愿。当然，选择分手也未尝不可，这样就感受不到一起经历波澜起伏后的成就感了。

由结：看来是我自己还没有足够的决心去拥有一段亲密关系。不仅如此，我还贪图省力，尽想挑别人培养好的、条件好的男人。越想越觉得自己真糟糕，好没有自信啊。

弘美：在三角关系里的人往往会非常自责，有些人甚至会通过拥有罪恶感，而把自己的做法合理正当化，或破罐子破摔，装得毫不在乎。不过，这些做法都无法让自己幸福。

由结：自己有过婚外恋也可以被原谅吗？我知道那样做不对……

弘美：不管犯过什么错，只要我们发现，去调整改正就好。难道你想一直背负着这份自责活下去吗？这样你无法找到真正的伴侣，也不能有一段幸福的亲密关系，这样的人生你难道不后悔吗？

由结：我想遇到真正的伴侣，我也想要幸福的人生。

弘美：那么对以前犯了错的自己说，"算了吧，都过去了"，原谅自己，感谢他们给了你一段美好的浪漫，就此放手。然后想象那个即将出现的真正的伴侣，调整意识，迈出新的一步。

由结：我没想到自己有那么多的罪恶感。虽然我还没有遇见那个真正的伴侣，但当我把意识朝向这个方向，我能够感受到我正在一层一层地摆脱罪恶感和前任们对我的影响。

弘美：反复进入三角关系，往往和童年时的俄狄浦斯情结有关，让我们再去看一下你和父母之间的关系吧。

由结：俄狄浦斯情结是怎么回事？

弘美：俄狄浦斯情结是由心理学家弗洛伊德研究发现，是很多人都会经历的童年时期的心灵创伤。这个典故来自希腊神话俄狄浦斯王的悲剧，大意是指自己杀死了父母中和自己同性的一方，和异性的一方陷入恋爱关系。因为时刻感受到由此产生的罪恶感和恐惧，而无法选择幸福。人类会觉得对父母抱有恋爱情结是一种禁忌，下意识地会推开父母，远离他们。

由结：难道说我对自己的父亲有类似对男人的爱慕之情

吗？我完全不觉得我有这种想法，想想也会感到恶心。

弘美：这份恶心可能就是由身犯禁忌的那种厌恶感而引起的，或者说这样做就能够保护自己不犯错。由结，你和你父母的关系怎么样？

由结：小时候起，我父亲就一直很疼爱我，我和我母亲的关系也挺好。

弘美：那你父母的关系怎么样？

由结：他们关系很好，经常两个人一起出去吃饭，一起旅行。

弘美：小时候你看到父母关系那么好，你有什么感觉？

由结：现在我会为他们高兴，觉得他们这样很让人羡慕，但小时候往往我会感到孤单寂寞，感到我无法进入他们俩的关系里，总是一个人孤零零的。

弘美：这和你人生一直重复的三角关系模式很像啊。

由结：还真是呢，我总感觉父母两个人相亲相爱，而我总是得不到关注。

弘美：但你父亲一直很爱你呀。

由结：虽然如此，我总觉得自己没有母亲那么漂亮，也没有她那么有魅力。

弘美：于是在父母和你的三人关系里，你是输了的那一个。为了赢得父亲的爱，你和母亲竞争，结果输给妈妈了。之后你通过自己的恋爱，反复体验这个结果。你总会喜欢上那些婚姻里的好男人,也可能是因为你在他们的身上看到了父亲的影子吧。

由结:这么说还真的有这种感觉,没想到陷入三角关系的原因竟在这里。现在好像解开了谜团,也松了口气。

弘美:陷入三角关系的女性中,有些人是童年时俄狄浦斯情结的赢家。她们在和母亲的争夺战中赢得了父亲的爱,父亲爱她们比爱母亲更多。这些人中有些不把对方妻子逼到离开就不会善罢甘休,也有成功让对方离婚并和自己结婚的。

不管结果好坏,他们都无法原谅自己,这种罪恶感是亲密关系的一大阻碍。问题在于不管是俄狄浦斯情结的输家还是赢家,她们心中都存留着童年时爱恋父亲的罪恶感、作为女人和母亲竞争而得到的劣等感或优越感、或因争夺而引发的罪恶感。所以无论发生什么状况,她们都无法真正地幸福。

由结:那到底应该怎么办呢?

弘美:我们要觉察到心里有一种"爱是有限的,不和谁争抢就得不到"的限制性想法,放下这些想法。爱是无穷无尽的,遵从相应的关系,互相给出爱,这样不用抢夺也会有紧密的连接和纽带感。父母之间有他们的亲密关系,但不会影响你和父亲之间的爱,你和母亲之间的爱也是如此。更重要的是,首先你要爱你自己,决心让自己幸福,如果自己是幸福的,也就没有必要和其他人去争夺爱了。

由结：如果我爱自己，能让自己幸福，我再找一个伴侣不就没什么意义了吗？

弘美：当然，有人会满意一个人的幸福人生。不过，只有自己幸福圆满了，才能和另外一个人去创建更幸福的新世界。

首先要自己选择幸福，相信自己有这份力量。那么将来当你有了伴侣携手同行的时候，你的这份幸福会影响他，让他也能够成功。"这是一个会不断成功的男人"，能给出对方这份信任，也是女性面的力量。

咨询案例5　总喜欢上渣男1

这个男人真的对吗？

千枝：我和比我小的男友已经交往了五年，同居也有三年了。但我现在不知道是应该继续走下去，还是和他分手去找新的伴侣交往结婚，这让我非常烦恼。

弘美：你为什么会犹豫要不要持续这段关系呢？

千枝：我男朋友他一直想当一个演员，但总看不到他有任何进展。他平时要么参加面试，要么去排练，有时打打工，一没钱，二没时间，让我感觉未来没有希望，非常不安。

弘美：你有没有打算和他结婚呢？

千枝：这正是让我犹豫的地方。演艺界崭露头角不容易，我也不知道他会不会出名，赚不赚得了钱，结婚后会不会和现在一样穷。万一有了孩子，我不能像现在一样工作，收入更少，是否会更困难……总之我没法描绘出和他在一起的美好未来。

再看我妹妹和我女朋友的老公，他们就职于一流大企业，生活比较稳定，定期升职，混得风生水起，让我羡慕不已。最近我觉得如果要结婚，找这样的人也不错。我男朋友虽然性格开朗，和谁都能随和相处，但带他去参加朋友聚会我总感觉有一些自卑。

弘美：和他一起生活，你感觉怎么样呢？你喜欢他什么？

千枝：说实话，我们的生活比较拮据，我也很辛苦。平时他打工或排练都非常繁忙，总是赶着最后一班地铁回来，所以家务事都还是我来做，经济上我的负担也很大。但就性格方面而言，他确实无可挑剔，温柔体贴，又很包容我，很会找到我的优点夸奖我，也会好好听我说话。不过最近总感觉他看上去像个孩子很幼稚……刚开始交往时，一心想成为顶尖演员奋力追梦的他帅得让我睁不开眼，但逐步交往同居之后，我慢慢感觉他的梦想太不现实了。

弘美：男人们都会有一些孩子气。况且他还比你年纪小，难免会有这种感觉。在这个男友之前，你交往过的人都是什么样的呢？

千枝：之前的男友比我要年长，和现在的男友完全相反。前男友从事的也是创意工作，但是非常成功，赚的钱也多，经常带我去旅行，吃好吃的。不过他也特别大男子主义，有时还会爽约，我说什么他也听得很不耐烦，总让我心神不定。之后还经历过他几次外遇出轨，我实在受不了就分手了。

弘美：从这种意义上来看，现在的男朋友眼里只有你，关心你，对你好。他将来如何，就看你怎么培养他了。

千枝：说到培养，我会有种沉重、疲惫不堪的感觉。

弘美：我不知道他将来会不会出名，不过我认为他至少要具备独立生活的能力。

千枝：您说得对。但我还要借他钱花，这也让我感到非常担心。

弘美：他问你借钱，用在什么上呢？

千枝：交通费或请自己的后辈吃饭。

弘美：原来如此，可能有时候你也把他当孩子对待了吧。如果男人感觉女人像母亲，也会表现得越来越依赖。你应该感觉当初他追你时的形象更高大吧。你要用他的这份心去触动他。比如说"如果你红了，要给我买这个，要带我去什么地方"等等，要给他提一些小要求。因为男人想让自己的女人幸福，所以才有动力奋斗。但是你千万别当他的母亲。

千枝：是让我不再做家务吗？但我工作结束得早，他总是很晚回家，也没时间做家务啊。

弘美：让他在家里，在力所能及的范围里为这个家做点贡献吧。早上或其他时间，看看有没有什么他可以帮上你忙的。

千枝：是啊，可以请他帮忙去扔垃圾什么的。

弘美：总之，切记不要成为他母亲的角色。他有自己的母亲，如果你又去他母亲的位置，就会培养出一个无能的男人。重要的是，双方要成为关系对等的伴侣。

千枝：我本来就很喜欢照顾人，不知不觉就包揽了所有事，想为他做饭、做其他事。以为这样才是对这个人爱的表现。

弘美：你对前男友是不是也是这种态度？可能前男友也是看到了你家庭主妇的那一面而离开你的吧。你应该是那个处理工作干净利索、非常闪耀的存在，你的前任和现任也是被这样的你而吸引的。男人们会为配得上自己仰慕的女人而成长的。

千枝：我一恋爱就容易陷进去，对待工作也越来越马虎。和现在这个男友因为交往比较久，调整得还不错，现在确实对工作没有那么上心了。

弘美：那今后你要让自己对工作也更有热情更负责哦。另外，他看起来虽然没有那么强的实力，但是就如你所说的，他对你朋友和妹妹都很好，我觉得她们也应该很羡慕你。

千枝：是这样吗？我倒是很羡慕我妹妹和我的女朋友们，因为她们都有个社会地位稳定、很成功的老公或男朋友。

弘美：那你女朋友们的男朋友或你妹夫，对待你和其他朋友，有没有像你男朋友对待你妹妹和你的女朋友们那样好呢？

千枝：他们好像关注自己的工作和兴趣爱好更多一点吧。

弘美：我想你的妹妹和女朋友们真正对男性所求的，应该是像你男朋友的那种温柔体贴吧。另外在这里，你也可以觉察一下自己内心有和其他女人的竞争意识。你内心也特别在乎别的女人是怎样看待你的男朋友和你，你不想带你男朋友去参加她们的聚会，也是有竞争意识的表现。

千枝：确实，我们家是三姐妹，我是老二，总是会被拿来和姐姐或妹妹比较，也经常会感受到劣等感或优越感。

弘美：女人之间的竞争不知不觉地就把"自己的男人赚多少钱，他有多成功"当作衡量自己价值的标准。其实伴侣的收入多少，和你的价值高低完全没有关系。

千枝：我会担心别人不明白我为什么一直和一个默默无闻一无是处的人交往，担心他们看不起自己。

弘美：这是一个很大的误解，如果你让他们看到你的男朋友多么善解人意，温柔体贴，相信大家都会羡慕不已的。"这个男人一定会成为非常厉害的英雄，我知道他有这个能力，你们等着看就好"，你的内心一直带着这样坚定的信念就好。女人之间比来比去，不管是谁，都会有这样那样的自卑或优越感的。

千枝：我倒真没有想过她们会羡慕我呢。确实，和他交往时我是憋着一口气的，心想"等着瞧，他一定会有成功的那一天"，但现在反而慢慢地淡忘了。

弘美：所以现在不能什么事都由你包办，你们是对等的伴侣，所以时时刻刻要为对方付出。

千枝：您说的对等是什么意思？是平等吗？

弘美：对等的意思是，不成为他的母亲或不觉得他没用，看不起他。要看到他有自己的力量，可以开创自己的未来。当然也要让他在生活上承担自己的责任，在家庭中也要做出贡献。有些事现在可能还没有能力做到，可以从小事做起，从做得到的事做起。

千枝：看来在做家务上不能对他太客气了，最近总感觉自己成了唯唯诺诺的家庭妇女了。

弘美：经常说男人一出人头地就会抛弃糟糠之妻。因为如果女人过分付出，会让男人感觉欠了天大一笔债而感到无所适从。

千枝：我以为完全相反，以为待他成名之日，我就熬到头了，会得到回报。不过确实，很多有名的歌手都是这样，我一直无法理解那些男人为什么能那么义无反顾地抛弃帮助自己度过无名时期的人。

弘美：虽然你现在看起来什么都为他付出，但是内心并未真正相信过他的才能，你反过来试试看，嘴上告诉他"你要多赚点钱，我等不到五年后，现在就要"，心里却要坚定地相信"这个男人有很多优点，一定会成功"。今后你年纪越来越大，他也正当壮年，比你小的男人就算没有你现在的收入高，也有很多可取之处，很多优点。

千枝：确实，我是因为不太信任他的才能才不敢结婚吧。

弘美：我觉得在亲密关系里，女人应该多一些小聪明，这个小聪明并不是指为了自己偷偷摸摸做什么，而是为了让两人的关系更好，机智灵活地去处理。千枝，因为你过去有受伤的恋爱经历，所以你更需要一个关心爱护你的男人，你要珍惜他为你做的这些哦。

咨询案例 6　总喜欢上渣男 2

如何分辨渣男或无用男

真帆：我想请教老师，怎样才能辨识无用男和正常的男人?

弘美：你是想看清了以后避免交往无用男，找一个靠得住的人喽？你现在有没有正在交往的男朋友？

真帆：我和我的男友住在一起，不过我准备和他分手。他工作越来越少，又不愿意做家务，宅在家里不是打游戏，就是看漫画书。最近都靠我拿出积蓄来过日子，我实在忍不下去了，决定要分手。

弘美：他的性格怎么样？

真帆：他肆意任性，只顾自己，说话态度恶劣，还经常骂我，酒品也很差，还在外面有女人，真是一无是处，感觉我不知犯了什么傻，会和他在一起。以前交往过的男友，到最后也是这样分开，真是受够了！我一定要找个正经靠谱的人，好好过日子。

弘美：你是不是和男人交往以后就会充当他们母亲的角色，让他们依赖上你呢？在亲密关系里，女人一旦成为对方的母亲，男人会变得越来越没用的。

真帆：朋友们也说我把男人惯坏了。

弘美：说句严厉的话——物以类聚，人以群分。伴侣的成熟程度和自己的成熟程度是对等的，和没用的男人在一起的，其实也是没用的女人，你从这个角度去看待你们的关系，才能向幸福的亲密关系迈出一步。

真帆：我能理解因为我当了他们的母亲，所以让他们越来越没用。但我想不明白,为什么说我是没用的女人呢?我有自己的工作,家务也做得不错,自认为性格也挺好。

弘美:确实,从社会角度来看,你做事认真严谨、有条有理,但是为什么要让自己一定看上去那么认真严谨、一丝不苟呢?

真帆:不这样做没法生存,也会招人讨厌呀。

弘美:会招谁讨厌呢?

真帆:大家都会讨厌我,疏远我。

弘美:但是以往你所交往的男人们,就算再吊儿郎当,一无是处,你不是也照样爱他们吗?

真帆:不过,到最后是我看他们越来越讨厌,然后提出分手。

弘美:他们可能确实是被你甩了,但没准身边又出现其他女人照顾他们,也不会孤身一人吧。我想你心中有一个误解,"不做到认真仔细、一丝不苟,就没人理你,会被孤立。"如果你只是为了不被孤立而这么做,可能说明你本来不是一个认真仔细的人。

真帆:有可能……这让我太震惊了。

弘美:小时候,你有没有因为没做到井井有条而被父母严厉批评的经历?

真帆:我经常因为没有收拾屋子,没有做作业而被他们骂。我现在还记得经常哭着把这些事做完。

弘美：对孩子而言，父母的存在是生命的保障，所以当时你就会觉得"不认真做好就不行"，"不认真做好就会被父母抛弃"，因此才会努力去做到。

真帆：确实，我会认为没有认真做好就不行。

弘美：这些男人也让你看到了小时候没用的自己。

真帆：原来您说的和没用的男人在一起的自己，也是没用的女人，是这个意思啊。

弘美：很多女人遇到废柴男，会一味责怪他们没用，但其实这和自己有一定关联。

真帆：一味地怪别人，自己也真是没用啊……

弘美：重点不是找自己没用的地方，而是一项一项去原谅它们，这才是通往幸福的捷径。你越原谅自己，就越自由。当你自己自由了，也就越容易原谅别人，人际关系也随之更顺利美好。

真帆：我感觉肩上的担子放下了，现在好轻松。我发现我对待男朋友，就像小时候我非常讨厌的父母对我一样，这样想还有些对不起他们呢。

弘美：当你觉察到这一点，就可以从受害者的位置上脱身而出。只有各自对自己的人生负责，和对方一起磨合成长，才能建立健全美好的亲密关系。

真帆：可能我一直都不相信自己的男朋友会成熟起来。尽管我特别希望他们能够改变，但内心却不相信他们。甚至为了证明自己认真仔细，做得有多好，而暗自希望他们一直维持吊儿郎当的样子。我和以前的几任男朋友交往，也都是这个模式。

弘美：觉察得很好！因为如果对方改变了，你自己也不得不改变呢。首先你要下定决心，一定要幸福！这样你才会找回自己的力量。这时再来看一下你和对方的关系，你可能会发现两个人还能一起走下去，或是继续下去也对双方无益。你可以做出选择要分手或继续培养关系。

真帆：我一直以为是对方太没用，自己无法获得幸福，所以考虑分手。现在我觉得我是为了双方的幸福而做出分手这个决定。

弘美：是的，同样做出分手的决定，动机却不同了。

真帆：以前好几次想和他分手，总觉得有些愧疚或者不甘心，一直拖到现在。但这次我觉得我终于坚定了，感觉找回了自己的力量，更有意愿为自己的人生负责了。

弘美：亲密关系并非取决于对方如何表现，而是看女人的态度和意愿。女人愿不愿意在关系中表现出领袖力，决定了这段关系的走向。这并非去控制对方，而是指为了双方的幸福，她愿意做出什么样的选择。

以上案例中，真帆通过充当她男友的母亲角色而在不知不觉中背负起了他的人生。但她男友的人生属于他自己。两个人之间应该划分出一条健全分明的界限，才能建立起对等的关系。

真帆真心想要一个人生伴侣,我建议她找一个有诚信、又有培养潜力的男人。但她说她总是会情不自禁地从一见钟情开始一段关系,而对看清什么样的男人合适这件事没有信心。如果遇到觉得还不错的对象,可以邀请信得过的朋友或和对方的朋友一起吃饭,观察一下他如何对待身边的朋友。接触交往对象时,征求身边朋友们的意见也非常有用,这么做可以练习如何处理亲密关系。

建立一段亲密关系,说得极端一点,"其实对象是谁都一样"。女性凭自己的意愿和能力,完全可以让对方、自己和这段关系发生改变。就看她有多信任自己,愿意爱完整的对方如他所是。

咨询案例7 如何让他结束长跑,愿意结婚

四叶:我有一个已经交往了八年的男朋友,但他总是迟迟不愿和我结婚,怎样才能让他愿意结婚呢?

弘美:现在很多人并不在乎法律上婚姻成立与否,但他们却在现实生活中成为伴侣,有着很好的亲密关系。四叶,你是想正式结婚领证吗?

四叶：我觉得差不多是时候要个孩子了，所以想正式结婚。

弘美：你和他就此事好好商量过吗？

四叶：我都说过好几次了，但他总是这样那样地搪塞我，几年来一直持续着这样不明不白的关系。

弘美：平时你和他之间的关系怎么样？

四叶：我觉得我们俩的关系很不错，不论性格、兴趣爱好、价值观，都还合得来。如果能把婚结了，就无可挑剔了。

弘美：在我周围还有发现怀了孕，男人终于愿意定下心结婚的例子呢。（笑）

四叶：我可没有这个勇气，万一有了孩子，他又不愿结婚，那可怎么办？到底怎样才能让他向我求婚呢？

弘美：没准不只是他，你也在犹豫徘徊，不敢结婚吧？

四叶：怎么会这样？对我来说再拖下去年纪更大，更不适合怀孕生孩子了。

弘美：你是不是觉得结了婚，什么事都可以放下，不用担心了呢？你这么强烈地想要结婚，是想要一个安全和保障吧？因为你对你们俩的关系和对自己没有信心，所以才会要求在"结婚"这件事上有结果。

四叶：我觉得我要求结婚，并没有什么不好啊。

弘美：当然没什么不好。不过这里可能隐藏着容易忽略的陷阱：为了掩饰对两人的亲密关系缺乏自信，才要求和对方结婚。他可能也感知到了你的不自信，才会推托的吧。他也没有足够的信心确定你是否真的爱他，有多爱他。

四叶：原来是这样，我一直以为是他内心有什么想法，而不愿和我结婚呢。

弘美：我认为他如果还不想和你结婚，可能是因为他觉得你还不能坚定不移地决心要和他走进婚姻的殿堂。

四叶：难道是这样吗？我们在一起都八年了，到底都在干什么呀……原来彼此的态度和情况都差不多啊。

弘美：现在请你设想，如果你下定决心，真心要和他开展和培养一段亲密关系，会发生什么呢？

四叶：我觉得自己会无法控制自己，这让我感到很害怕，感觉自己会融化消失。

弘美：是的，当我们认真面对某人时，会感觉无法维持原来的自己。但只有经历这些才能让各自不断改变，不断整合，成就成熟的关系。

四叶：原来我们两人都害怕这点，才下不了决心结婚啊。

弘美：那些想要结婚，却最终走不到结婚这一步的人，可能需要觉察到其实自己内心非常害怕拥有一段亲密关系。经历了这个过程，力量才会回来，才能前进。

四叶：我没想到原来自己那么害怕。现在我终于清楚，刚才老师说"追求结婚这个形式"是什么意思,是我误解了结婚的真谛。

弘美:大多数人就这样因为错误的原因而结婚。我认为还有一些其他理由,让你无法真心下定决心和他一起去培养真正的亲密关系吧?

四叶:我害怕为他的人生负责。

弘美:他的人生需要他自己负责,你没有必要为他背负,你也只能为你自己的人生负责。这也是在婚姻和亲密关系中很多人的误区。在和他的关系中,你能够负责的是,下决心"一直爱他到底"。

四叶:这么说来,现在我对亲密关系的恐惧少了一些。但是我又担心会失去他,担心他会嫌弃我,或有外遇,或老了会先我一步而去,等等。

弘美:不管结不结婚,都会有种种担心。你对伴侣用情越深,就越害怕受伤害怕失去。有些伴侣或夫妻甚至因此而选择一开始就保持距离,不那么亲密。而男人又不喜欢女人总是担心猜疑他们有外遇或出轨。不过如果因为要逃避可能会发生的失落,而不愿意接近对方,最终还是得承受内心空落落的感觉。如果能超越恐惧,触碰和连接到你的伴侣,比起那些或有或无的患得患失,也许会收到更多意想不到的惊喜。

四叶:真的会这样吗?我好期待那个未知的亲密世界

呀！咦？我好像找不到让我害怕建立亲密关系的理由了。

弘美：你现在有信心和他一起走下去了吗？

四叶：是的，应该没问题。现在我觉得没有必要像以前那样纠结到底要不要结婚，就算没有结婚这个形式，我也愿意和他一起共度人生。

弘美：这样你才找回了自己的力量，终于做好准备，和他坦诚交流自己真实的想法。女性掌管着打开亲密关系之门的那把钥匙，让他知道你真诚的想法和心意，那你们的关系也能向着真实的方向加速发展。

四叶：虽然不知道结果如何，我会和他好好交流，告诉他我真心想和他一起走下去。

几天以后，四叶给我传来消息说，她男友也开始积极考虑两个人的未来，谈到很多有关结婚的具体事项了。当我们放下对结果的执着，下决心承诺于自己的幸福和亲密关系时，人生的进程也会加速，真相自然会呈现在我们面前。

个案案主四叶和她的男朋友确立了更亲密的关系，走向了婚姻，但也有人因此使两人之间产生了距离，最终分手。可能当时感觉打击很大，可从长远来看，未尝不是一个好的变化。不管怎样，对女人而言，明确地看清真相，才能爽快利落地走向新的人生。

第四章

维持幸福婚姻的奥秘(咨询案例)

咨询案例8　丈夫的出轨1

缺乏想象力

来参加课程或找我咨询的学员中，经常会有一些因为伴侣的外遇或出轨而烦恼痛苦的女性。

其实遭遇外遇或出轨的女性或做出出轨之事的男性，以及参与其中的作为第三者的另一位女性，他们都有同样的问题。那就是在第三章中，第4个案例里提到的俄狄浦斯情结。如果相关者中某一个人有所觉察，而真正选择幸福，那所有人就会从三角关系的问题中解脱出来。

接下来，我将分两次来介绍咨询案例理香的个案。理香刚来咨询的时候，因为烦恼憔悴不堪，脸上也麻木得没什么表情。

理香：我发现老公出轨了。我没法再相信他，想要离婚，但孩子才2岁，还要考虑生活，现在我不知道怎么办好……

弘美：你丈夫是什么时候开始出轨的呢？
理香：孩子刚1岁的时候开始，持续了一年吧。
弘美：原来如此。那你们夫妻的性生活怎么样？
理香：自从我怀孕以后就没有了。现在我忙于带孩子，对性生活完全没有兴趣和欲望。

弘美：那也就是说你们夫妻之间有两年没有性生活了，在这期间，你丈夫有没有表示过他想要呢？

理香：有，在生完孩子一个多月后，他就想要了。当时我觉得他在我这么辛苦的时候还想着这些事，怀疑他是不是神经不正常。

弘美：当时你对要求性生活的老公感到非常生气是吗？

理香：是的，非常生气。

弘美：但当你知道你老公在外面有了别的女人时，你又感到愤怒无比。在这里我们尝试一下不同的看法。假设你对自己的想法了如指掌，那么如果你知道，你为什么想让你老公有外遇呢？

理香：我怎么可能希望我老公有外遇呢？

弘美：是的，一般我们都不会这么想。不过如果我们假设所有发生的事，都是我们希望它们发生而发生的，可能会对目前的事态带来意想不到的进展。现在你眼前能够看到两个未来，一个是"和丈夫离婚，自己带着孩子生活"的未来，还有一个是"原谅老公，维持夫妻关系"的未来，是不是呢？

理香：是的，不过不管哪一种，对我而言都非常痛苦，我也不知道怎么办好。

弘美：所以我才建议你用不同的角度去看一下这件事，这样可以帮助你找到更理想的第三个未来，你愿意尝试一下吗?

理香:我倒从来没考虑过会有第三个未来。

弘美:那么请你再尝试回答刚才的问题,如果你知道,你为什么想让他出轨呢?

理香:对刚生完孩子不久就想要性生活的老公,我觉得他一点都不照顾我,不为我的身体着想,感到特别的生气。

弘美:当时你对他只想着满足自己的性欲望,而没有顾及你的身体,而感到愤怒是吗?那你当时有没有向他表达,希望他多顾及一下你的身体状况呢?

理香:从怀孕开始,我的身体情况就不太好,非常辛苦,所以我们也没有聊起这些事。我觉得就算我不说,他也应该体谅我才是。

弘美:你们之间的关系可能就是从那时起产生隔阂的吧。就像你觉得"你应该更多地照顾我的感受和身体"一样,你丈夫也有同样的感觉。女人们可能想不到,男人们在生理上比女人更需要性。

理香:但是我在经历怀孕生孩子,抚养孩子的过程中,身体和精神上负担都很大。对老公的性需求实在应付不过来,他连这些都觉察不到,也让我特别生气。

弘美:所以说才需要互相沟通啊。女性自怀孕以后就能感知到身体的变化,能慢慢地适应。但对男人而言,就算孩子出生以后,他也未必能够搞清楚自己周边的人和环境的变化，总觉得自己没有性生活，被迫忍耐了很久。不管怎样，双方都缺乏换位思考的想象力，无法安抚和满足对方，这是两方都需要注意到的。

理香：确实，我从没想过对老公来说性是那么重要。这么说来，因为重要，才会在外面有外遇。

弘美：这样想，就能体会到对方的需求，你们两人之间的关系也会和以前不一样。当然，觉察到自己的需求，告诉对方也很重要。

理香：不过就算觉察到了，我也不知道如何和他沟通。

弘美：当时我自己在生完孩子后，也被丈夫提出的性需求缠得很累。我平静诚恳地对他说，"老公，我非常爱你，对我们的性生活也没有抵触，但我现在的情况实在无法满足你。你看我，无论是身体上还是精神上，都不堪重负，特别辛苦。"

我丈夫终于发现"原来妻子脸上一直挂着疲惫和忙碌，心情也不好。如果自己不尽力帮助她，也无法得到想要的性生活"。之后他开始慢慢地帮助我做一些家务，我也身心更有余地去回应他的性需求，形成了良性循环。

就这样，如果双方能理解各自的需求，坦诚地向对方表达，沟通将会越来越顺畅。

理香：您这样说，给了我很大的参考价值，我也会试着和我老公进行沟通交流。

弘美：换个问题，理香，你觉得你为自己的幸福付出了多少？

理香：为自己的幸福吗？

弘美：是的，如果你思考过，对于让自己幸福这件事，你做到了百分之多少呢？

理香：大概20%吧。难道不是应该我的老公让我幸福的吗？

弘美：很多伴侣们都有一个误解，以为"理应由伴侣让自己幸福"。所以才会引发亲密关系中的诸多问题。首先最重要的是，我们要决心给自己幸福，也只有你自己能够给自己幸福，要和自己结婚，和自己约定说"我要让你一辈子幸福"。你愿意发誓"我要让我幸福"吗？

理香：我从没想过和自己结婚这个概念，感觉需要很大的勇气和决心，感觉不太自信，也有点害怕。

弘美：看来在精神层面，你还没能和自己结婚呢。和你老公结婚时你感觉怎么样呢？

理香：当时是我老公向我求的婚，并没有感到如此害怕，也没有感到需要勇气。

弘美：参与三角关系中的三个人，正因为都没有"要让自己幸福"这种坚定的决心，才会引发三角关系的问题。所以在关系中，三个人都不会感到幸福。也正因为三个人原本就没有坚定的立场，才让诱惑有机可乘。你刚才说在让自己幸福这件事上你只做到 20% 的话，那在夫妻关系中就有 80% 的可能性让诱惑乘虚而入。

理香：之前我一直觉得老公和外遇的女人在外面开开心心，而我自己在家里受尽煎熬，特别惨。我都快被愤怒和嫉妒折磨疯了，现在感觉平缓一些了。

弘美：那现在你愿意和自己结婚，并和自己约定"我要让你幸福"吗？

理香：是的，我愿意……我现在感受到自己的力量慢慢回来了。我一直以为需要别人来让我幸福，原来完全相反啊。一直没能给自己幸福，觉得有点对不起自己呢。

弘美：让自己幸福，才能开始真正地与他人建立关系。这样才能打开一开始我说的第三个未来，现在你对你丈夫的感觉怎么样？

理香：我原来准备和他离婚，但现在我觉得先保留，好好看下自己的情况之后再做出决定。

咨询案例 9　丈夫的出轨 2

无性生活的原因

两个月后，理香再次前来咨询，她像换了一个人，开朗多了。

据说在上次咨询之后,理香把精力集中在自己是否幸福上,心态变得更稳定,能冷静客观地和丈夫进行交流了。

她丈夫也结束了和外遇之间的关系,向她道歉,希望她再给自己一个机会。理香内心的愤怒和憎恶也平复了不少,原谅了她的丈夫,决心重新营造夫妻关系。她丈夫也积极主动地帮助她做家务、育儿,两个人的关系看起来有了很大的改善。

然而,此时在理香面前又出现了一堵高墙。当她想要和丈夫进行性生活时,身体会引发本能的抗拒反应。

很多女性会在孕期或生产后、育儿期中,对和丈夫的性生活产生抗拒。在咨询和课程中,我也经常处理这些问题。这个烦恼和前面提到的俄狄浦斯情结相关。我向理香简单地说明了其中原理,和她一起回顾童年时她与父母之间的关系。

弘美:你和你丈夫的关系受到了你童年时与父母关系的影响。为了从根本上解决这个问题,让我们再往下挖掘一下吧。

理香:我从没想过我和父母之间的关系,会给我带来这么大的影响。

弘美:我们出生之后,一开始接触的就是我们的父母,由此建立人际关系上的种种观念,这会对我们今后的人生产生持续的影响。

理香：这么说，我和老公之间的关系，也会影响我2岁的儿子是吗？

弘美：是的。所以我们要找到你心中那些不必要的误解，并放下它们，这样你和儿子的关系、他未来的人生也将发生巨大的改变。

理香：如果能对孩子好，我当然愿意了。

弘美：童年时，你和你父母的关系怎么样？

理香：我觉得我们关系还挺好。不过在我小学五年级时，父亲在外面有了情人离开了家，之后他和母亲离了婚。从那时起，我就讨厌父亲，并尽量和他保持距离。

弘美：那你丈夫之前的表现，让你再次看到了你父亲以前的样子吧。不同的是，你和你丈夫重归于好了。

理香：当我发现老公有外遇，我就想到"果然如此"。

弘美："果然"这个念头，说明你心里有一个认知，觉得男人就会花心，就会出轨。

理香：难道有不会出轨的男人吗？

弘美：我身边有好多男人几十年一心一意地爱着他们的妻子。

理香：我也希望我的老公能成为这样的人。

弘美：这就要看你的本事了。虽然你丈夫以前曾出轨，但今后还是极有可能变成对你一心一意的伴侣。好，让我们再说说你和父母之间的关系,你小时候和父母的生活是怎样的呢?

理香:我父亲工作一直很忙,回家也很晚,我总是和母亲在一起。母亲又要工作又要操持家务,还要抚养孩子,特别辛苦,我也会帮助母亲做些家务。我们也都知道父亲外面有个情人,所以母亲常在我面前抱怨父亲。

弘美:感觉你爸爸是那个坏人,你母亲和你就是受害者啊。看起来你完全站在母亲这一边帮助她。但实际上这种关系属于一种粘连的不健全关系。

理香:怎么会这样?我觉得和我母亲关系特别好,亲密无间呢。

弘美:表面上看起来如此而已。这种关系需要把一个人,也就是把你的父亲放到坏人的位置,以此来维护你和母亲之间的连接,这是一种典型的粘连。照理说,原本不需要父亲这个媒介,你和你母亲之间也会有自然亲密的连接。

理香:这样说来,我们在抱怨父亲时,确实感到和妈妈有一种同仇敌忾心连心的感觉。但同时,也会隐隐地感到不舒服和有罪恶感。

弘美:当内心有"无法从父母这里获得平等的爱"这样的误解时,就容易和父母某一方产生粘连。你刚才说是在小学五年级时发现父亲有外遇后开始讨厌他,更小的时候,你对父亲的感觉怎么样呢?

理香:我很喜欢父亲,在我家的相册里,还有很多我和父亲亲密的照片。我们两人一起去公园、动物园玩,要么坐在他肩上,要么手牵手,关系甜蜜。

弘美:那时你和你母亲之间的关系又是怎么样的呢?

理香:妈妈小时候对我管教严厉,我和她没有像和父亲那样亲近,我更向着我父亲。

弘美:我推测从那时起,就引发了俄狄浦斯情结问题。俄狄浦斯情结的特征就是与父母中同性别的那一方去争夺另一方,看谁赢谁输。也就是说你和你母亲争抢你父亲,最终可能是你赢了。

理香:跟母亲抢父亲?这也太难以想象了,感觉像一段不伦之恋。

弘美:孩子们都会非常喜欢自己的父母,但是如果女儿紧紧地霸占了父亲的心,那母亲就会感觉丈夫被女儿抢走了,她会感到心碎。

那作为女儿,如果对从母亲身边抢走了父亲抱有强烈的罪恶感,就会为掩饰自己的罪恶感,把父亲赶出去,和母亲更亲密要好。这些都是我们无意识做出的行为。刚才提到的你和你母亲之间的粘连,可能就是这样产生的。

理香:看来我小时候真的很狡猾呀。

弘美:这种情况每个人小时候多多少少都有,不必太自责。

理香：那么当时父亲在外面有情人，难道是因为我而发生的吗？

弘美：应该说由于俄狄浦斯情结，你推开了你的父亲。当人们感到内心的罪恶感过分深重无法忍受时，就会把它们强加到其他人身上，通过把自己的行为正当化，来保护自己。

理香：我一直以为在外面有情人的父亲是罪魁祸首，但这样看来，小时候我也像父亲的情人一样啊。

弘美：你需要重新建立一个认知，原本父亲的伴侣就是你母亲，在你的脑海中想象把父亲还给母亲吧。

理香：现在我虽然头脑能够理解，但心却跟不上。看来我一直以为"爸爸是我的"，又受打击，又不甘心，不想把他还给母亲。

弘美：去超越这份不甘心吧。就算把父亲还给母亲，父亲对你的爱和纽带也不会发生任何变化。每个人都会接收到充分的爱。

理香：确实是这样，爱是无穷无尽的，每个人在各自的关系里爱对方就好。这样一想，我感觉我愿意把父亲还给母亲了。

弘美：你无法和你丈夫进行性生活，可能因为你在他身上看到了父亲的影子。当我们和伴侣成为家人越来越亲近，我们往往会在对方身上看到父母的影子。就像你小时候为了掩饰对父亲的爱而推开父亲一样,你和你丈夫之间发生的关系也是同样的。

理香:原来我一想象和老公要上床做爱就浑身不舒服,本能地抗拒,是这个原因啊……那我该怎么办好呢?

弘美:请你在脑海中想象把贴在你丈夫脸上的父亲的面具揭下来。

理香:原来我对老公有家人般的情感,这和我对父亲的情感是相同的。

弘美:再次做出选择,把你的丈夫当作一个男人来看,也可以回想当时你们刚刚认识时的情形。

理香:是啊,刚认识他时,我老公非常有魅力,我也很心动。

弘美:你丈夫现在还有这份魅力,今后你也可以一直感受和享受他的这份魅力。

理香:在我脑海中,感觉他的脸越来越阳光开朗了。

弘美:你每天可以练习,想象把贴在你丈夫脸上的父亲的面具揭掉,这样对你们的关系有帮助。

理香:好的。不过当我老公看到我和儿子粘在一起,他都会不太开心。我还总是笑话他,那么大年纪还吃小孩子的醋,难道这也是俄狄浦斯情结吗?

弘美:是的,你儿子从你丈夫身边把你抢走了。

理香:是啊,我觉得比起老公,我更愿意和儿子亲密地粘在一起。原来我这样做是为了把老公赶出去呀……原来都是我做错了,我现在好混乱,该怎么办好?

弘美:别去纠结选择哪一方,你不觉得两者可以兼得吗?就像你刚才感受到你可以平等地被父母双方所爱一样,你可以平等地去爱你儿子和丈夫,也可以同时接受他们的爱。

理香:原来是这样啊,这就简单多了,我明白了。

弘美:之所以会发生种种问题,是因为你没有下定决心要给自己幸福。我之前说过,三角关系是因为相关者中没有人真正决心要给自己幸福,才会引发问题。如果每个人都爱自己,是幸福的,也无须和其他人去争抢爱了。

理香:也就是说,我父母,我和老公、我儿子,我们都没有好好地爱自己,形成了一个三代连环的问题。那我儿子将来怎么办?会不会也成为一个花心出轨的男人?

弘美:如果你选择自己的幸福,爱自己,那你儿子自然会看到和接受,这样你们可以把儿子培养成一个既得到父爱又得到母爱的幸福的男性。

如果你儿子能够给自己幸福,将来有了女朋友或妻子,也不会出轨或有外遇,因为他本自具足,因爱而满。当然,对于你丈夫而言也是同样道理,你可以把自己心中满满的幸福分享给他,这才是健全的亲密关系之路。

专栏一　夫妻之间互相以名字相称

经常有男性来找我咨询说，他们因为对妻子没法感到性的魅力，而无法有性生活。

很多情况是，男人会在外面有外遇或寻找性欲的出口，而妻子则因为陷入无性婚姻或三角关系而烦恼不堪。其中也不乏夫妻关系良好，却对性生活没有兴趣的案例。

其原因和理香的一样，都是因为俄狄浦斯情结。

当男人在妻子身上看到母亲的身影，潜意识里就会判断"怎么可以和母亲有性生活"，从而引发夫妻之间缺乏性生活的问题。当男人看到妻子怀孕、生孩子，然后育儿，有时会错把妻子当成母亲，而无法对成为母亲的女性产生性爱的感觉。

如何防止和避免由俄狄浦斯情结引发的无性生活，需要丈夫认识到妻子不是自己的母亲。同样，妻子也需要认识到丈夫不是自己的父亲。双方都要有意识地去揭下贴在对方脸上自己父母的面具，重新把对方当作一个女人或男人去看待。

很多夫妻在有了孩子以后，会互相称呼爸爸、妈妈或孩子他爸、孩子他妈，这也是导致无性生活的原因之一。

潜意识里，我们容易被语言带偏，所以称呼妻子"妈妈"，丈夫会在不知不觉中被洗脑，认为"这个人就是我妈妈"。

当然，不管有没有孩子，也请尽量养成习惯，互相以名字相称。

这样，伴侣之间也能够互相保持尊敬，而不失新鲜感。

咨询案例 10　没有信心兼顾工作和育儿

玲奈：最近丈夫跟我商量说想要孩子，让我有些烦恼。近期，公司分配给我一项特别重要的工作，工作起来我意气风发，很有价值感。不过想到今后又要工作又要照顾孩子，一下就没有自信了。两个人一旦聊到孩子的事，就特别尴尬。

弘美：玲奈，你原本不想要孩子吗？

玲奈：不是不想要，但也不是很积极。

弘美：如果将来又能愉快地工作，又能和孩子有快乐充实的时间，你觉得你想生吗？

玲奈：真有人那么灵巧能干，做得到吗？看我周边的同事或朋友们，还不是生了孩子以后，要么辞职，要么改变了全职的工作方式。我可不想那样，不想因为孩子而放弃事业。

　　而且考虑到能否继续工作到生孩子的时候，或生完孩子以后该怎么做等等，想想我就打退堂鼓。老公不需要生孩子，这也不会改变他的工作节奏，他才不会考虑那么多呢，当女人真是不划算呀。

　　弘美：你看起来特别看重工作和事业，但心里其实很在意生孩子的事呢。

　　玲奈：是呀，刚才交谈时，我也发现了这一点。身为女人，谁都想要一个孩子吧。

　　弘美：你有兄弟吗？

　　玲奈：有一个弟弟。

　　弘美：你父母小时候是怎样抚养你和你弟弟的呢？

　　玲奈：我是长女，不是我自夸，自小我就懂事能干，什么事都能独当一面，不需要大人管。父母比较喜爱弟弟，我感觉他们有点偏心。

　　弘美：为什么会这么说呢？

　　玲奈：比如说一家人出去吃牛排，母亲总是会充满宠溺地看着弟弟狼吞虎咽，还会把自己的牛排分给他吃，但从来没有那样对待我和我妹妹。我父亲平时不太喝酒，但听说他在弟弟出生的时候高兴得喝醉了。小时候听母亲说起这件事，心里会想："原来生了男孩子大家都那么开心，我出生时就不是这样。"

弘美：你是不是感到家人所有的关注都集中到弟弟身上了呢？

玲奈：对。我对此一直心怀不甘，所以铆足了劲学习、运动，事事都争强好胜。

弘美：你觉得自己比弟弟更优秀吗？

玲奈：是的。弟弟学习成绩不好，也没那么聪明细心。

弘美：你长大以后，对你弟弟感觉如何？

玲奈：大部分时间没有那份不甘心了，但是当弟弟结婚有了孩子，我却感到心情复杂。我又羡慕他，又有种输给他的感觉，特别不甘心。

弘美：看来你从你弟弟出生开始，就一直在和他竞争了。没准你把你丈夫当成弟弟，不知不觉中在精神层面也开始和他竞争了。刚才你也说，"就算生了孩子，你丈夫的工作生活节奏也不会发生变化，而作为女人很不划算"。

玲奈：是啊，可能我有一点瞧不起弟弟和老公，觉得他们有点笨。

弘美：如果你小看男人或看不起男人，那么这下面隐藏着"自己身为女人，没有男人那么有价值，比男人低下"这种男尊女卑的底层意识，所以才想要比弟弟更优秀，认为站得比他高才能轻视他。同时，又会伴有"男人们虽然笨，但总是高人一等占便宜。我作为女人，虽然那么优秀，但总是要吃亏，太不甘心了"这样复杂的情绪。

现在的社会是偏向男性化的社会，强调要有上进心和重视结果，育儿工作很难被大部分人包容。但是，养育孩子却是一项艰巨重大的事业，从为国家培养年轻人才这个角度来看，父母是孩子的第一任教育者。你可能没有看到和认可自己作为女性的价值吧。你是否一直以地位、收入等男性化的尺度来衡量人生是否幸福和成功呢？

玲奈：我确实是这么衡量的。我母亲是专职家庭主妇，没有独立生活的能力，非常依赖父亲。因此，就算父亲有些不合情理的言行，也只能忍下来，特别辛苦。看着她，我下决心"不能像她那样，一定要在社会上出人头地，有自己的成果"，我从来没有像老师刚才提出的观点那样考虑过。

弘美：你对母亲也带着批判啊。

玲奈：是的，我就是搞不懂，为什么她看起来那么痛苦，却不想着自力更生呢？

弘美：那你的情况如何？是否有自己的事业，能够独立生活？

玲奈：我觉得我比母亲更自由，但在这个社会里，如果不付出比男人双倍的努力，是无法得到认可的。我和我母亲有着不同的辛苦。

弘美：这些想法中带着刚才所提到的"女人地位很低，男人虽然笨，但是也比女人了不起"这种男尊女卑的意识。如果你带着这样的认知，就很难平衡工作和育儿，最终还是挡不过男性优位的社会系统,要么成为只顾工作的事业型女性,要么放弃事业,进入家庭相夫教子,不外乎这两种选择。不论比男人强还是依赖男人,两种情况都会很辛苦。

玲奈:确实,就算我比男人强,也感觉到很辛苦。

弘美:如果你想胜过男人,就什么事都要自己扛,自己做。你虽然结了婚,但好像不太和丈夫分享你的心情和感受吧。

玲奈:说了好像也没什么用,所以就放弃了。可能我一直觉得他很笨,所以也没法和他交流。

弘美:你丈夫的父母以前工作吗?

玲奈:是的,他们两人都工作。

弘美:因为父母的关系,你先生从小就看惯了夫妻都出去工作,我想他也希望看到你在工作中闪闪发光的样子吧。对工作和育儿,可能他会有一些好的建议哦。或许你可以尝试向他透露一下你的心声,两个人商量一下。

玲奈:确实,我们至今都没有聊过这些,一直是我自己思前想后。

弘美:孕育生命要看机缘,也并非想生就能生,怀孕成功率随着年纪越大,也会降低。虽然时代和科学在不断地进步,但女性的绝经期和生育孩子的适龄期,和以前并没有多大的变化,所以你们夫妻俩还是更早沟通为好。

玲奈：这项沟通对我来说需要一些勇气，具体我该怎么说好呢？

弘美：你可以半开玩笑半认真地跟他说，"既然你那么想要一个宝宝，要不我也给你生一个？但周围的人说，又要做家务又要养孩子，又要工作，实在不是人干的事儿，让我感到很担心和害怕，你是怎么想的呢？有了孩子以后，我们的生活该怎么安排呢？"那他也会考虑，比如说"我的公司也有产假"等等，或许会有一些新的想法。

玲奈：我周边倒没有这样沟通的朋友和同事，她们生了孩子以后，都辞职回家带孩子了。不过目前给男性产假的公司越来越多，我回去问问我老公。

弘美：你也可以像别人一样，在生完孩子以后不停地抱怨，"你看，老公还不是什么都不帮忙，闲着什么都不做，我早就说生孩子真麻烦。"但你也可以和你先生好好沟通，详尽地做好生育和育儿的规划，也为他成为一个好父亲做好准备工作。

玲奈：是的，我要和他好好商量，一起规划未来。

弘美：至今为止，可能你看到的都是身边生了孩子就回归家庭的女性们，但也有像我这样有三个孩子，得到大家的帮助，在各种资源的支持下，开开心心坚持工作的人啊。虽然也有各种困难，但是我都克服了。

玲奈：在我身边没有这样的人，听了您的话我很受鼓舞。

弘美：我想说的是，不仅要靠夫妻两人，还要借助周围很多人的力量来养育孩子。关于育儿，没有标准做法，也无法做到十全十美，必须时时刻刻根据当时"什么是最重要的"来做出决定。想必，你和你先生的父母也盼着抱孙子吧。

玲奈：是啊，我也可以请他们帮忙，尽管我的人生已经习惯了什么都自己来。

弘美：就算今后要把孩子交给别人照看或请别人帮忙，不必等到一岁两岁，从婴儿期起，就可以让他们熟悉更多的人，接触更多的人，接受更多人的爱，这样孩子们的人生也会更加丰富多彩。善于接受别人的帮助，也是女性面的一份礼物，自己越会接受，就能更有效地知道如何为人付出。

就算放慢现在的工作节奏或换一份工作，你同样可以走出一条作为女性，作为事业型女性，作为母亲闪闪发光的道路。在工作中，今后也不要孤军作战，从现在起开始良好的沟通，请求别人帮助，得到帮助后感谢别人，多多练习如何获得他人的理解，这样你可以很好地提升自己的女性面。

玲奈：原来我一直限制了自己，只相信自己听到看到的信息了。在电视上也经常看到积极参与和帮助育儿的一些男性艺人和名人，却从来没有和自己关联起来，我觉得我老公有可能做得到这些呢。

弘美：我觉得他非常爱你啊。丈夫想要孩子，也是对妻子的一种爱的表达。从多个角度和你先生一起来讨论要不要孩子，这也是女性面特质的一种体现。

玲奈：我的人生就是缺乏女性面的特质啊。

弘美：对于你来说，展现出女性面是需要一些勇气和练习的。告诉你先生"我不想要孩子，更想要工作"，可能省心省力，不过既然你心中有这种纠结，也不妨让他知道，也是夫妻之间更敞开接近彼此的好机会。

玲奈：我回去就和他沟通，告诉他我的感受和想法。

弘美：你和你先生商量下来，还是觉得不要孩子也没关系。我最不希望看到的遗憾是，你不和你先生商量，一意孤行，到了无法生育的年龄，又来后悔当时没有生孩子。所以，为了将来，希望你们现在好好沟通。

咨询案例 11　因为价值观和生活观的不同经常吵架

美雪：我和老公经常会因为收拾整理房间的事吵架，互不相让，直到后来，我们俩的关系仿佛变成了两条平行线。

弘美：能具体告诉我是怎么吵起来的吗？

美雪：比如说他随手把喝完的饮料空瓶和用过的纸巾丢在桌上或床头柜上，洗完澡毛巾就搭在沙发上，也不收起来。我让他去收拾，他总是一边叹气，一边不情不愿地去做。照理说，自己用过的东西自己收拾，都不是小孩子了，还要让我每次说，累不累啊。

弘美：那你们夫妻间有没有就这件事好好沟通过呢？

美雪：都说过好多次了。因为我也在工作，忙的时候我跟他说"能帮我打扫一下房间吗？"他居然回答我说，"我觉得这样挺好的，我不介意。"而我就不行，只要房间一脏乱，我就待不下去，所以一直想保持干净整洁。有时忙起来又顾不上，但越忙，越会注意到脏乱的地方，总想让老公帮我打扫一下，但他就是坚持"我无所谓"，一点都不配合，气死我了。感觉一直都是我在打扫和整理，太不公平了。

弘美：对你来说房间不干净，就待着不舒心，对你丈夫来说，稍微脏点乱点也无所谓，你们俩的卫生观念在这里产生了不同。你是不是觉得不保持房间干净整洁是不对的，或是很差劲的？

美雪：就是，结了婚生活在一起，保持生活空间的舒适整洁不是双方的责任吗？

弘美：而你丈夫不觉得他这样做有什么问题啊。可能你听着觉得不舒服，我们常说，正因为有解决问题的能力才会发现问题，发现哪里不对劲。

美雪：那说到底，还是要我忍下这口气自己去打扫整理了？

弘美：我并非这个意思，发现问题的那一方可以为解决问题引导和铺路。

可能比起选择幸福的亲密关系，你更想强制要求对方接受你是对的，这样做其实很亏啊。你有没有回到初心去想一下，对你和丈夫的关系什么才是最重要的，你当初为什么想和他结婚呢？

美雪：那当然是想两个人一起幸福喽，但在同一个屋檐下生活，难免会有细小的摩擦和不满。

弘美：就算那样，只要把双方的幸福放在最优先的位置，沟通方式自然也会随之发生变化。如果总是坚持我是对的，那在亲密关系里、人际关系上、工作关系上都会引发种种问题。你对你先生不打扫房间感到不满，那你丈夫对你也有抱怨吧？

美雪：我老公不喝酒，所以他看到我喝醉了，就会很不高兴。有时和女朋友在家喝酒，一开心喝多了就会睡沙发，第二天他总是要和我大吵一架，说是怕我感冒，但我觉得他其实是讨厌我喝了酒散漫没规矩。

弘美：除了这些，还有其他事吗？

美雪：两人出门，如果我准备时间久了一点而迟到，他就会埋怨我。

弘美：可你没有觉得这些有什么问题对吗？

美雪：在时间观念上我确实比老公要松散一些，但也没那么严重，不会迟到很久给别人添麻烦。就算喝酒，也不会在外面失态。

弘美：虽然在外面不会给别人添麻烦，但是在家里会惹你先生不高兴，这和你抱怨他在家不打扫整理的情景很像呢。

美雪：原来如此，虽然互相抱怨的内容不同，但我们都对对方的懒散、邋遢感到生气。

弘美：是的。你能够觉察这一点很厉害。这样一来你是否更有意愿去宽容和原谅对方做不到的，为彼此的幸福架起沟通的桥梁呢？

美雪：是啊，把自己认为正确的观念强加给对方没有任何用，但怎样才能有效沟通呢？

弘美：首先，如果你想要让他帮助你打扫整理房间，要改变方法，换一种形式去要求他。你一边抱怨"凭什么总是我来打扫"，一边叫他"你也给我打扫一下"，对方很难听得进去。

美雪：也是，当我听到他一边数落我"怎么还不快准备"或"喝醉了就别往沙发上睡"，我也会发脾气，听不进去。

弘美：一边要求他，一边示范给他看，这样更有效。

以前有位朋友请我去她家吃饭，餐后，我很惊讶地看到每个家庭成员都会用纸巾把餐具里的残渣擦掉，然后端到厨房的洗水池里，浸到水里。我问了女主人，她告诉我，一开始就对家人讲"这样做洗起来更方便省力"，同时也会示范给家人们看，久而久之，家人们就养成习惯了。你可以像他们那样，想办法鼓励和帮助对方积极自发地行动。

美雪：我想起来了，以前我们家晒衣服就是如此。刚结婚时，我老公晒衣服不会弄平整再晒，晒干了还是皱巴巴的。之后我和他一起晒衣服的时候，就教他"你看这样绷一下扯平了再晒，穿的时候也会更舒服哦"。他自然而然地也学我的样晒衣服了。

弘美：你看这样沟通不是很成功吗？同样用在打扫房间上就好了。

美雪：但是我总觉得自己不太有信心。

弘美：可能你以前一直抓着"我是对的"不放，还不习惯吧。慢慢尝试放下对对错的执着，通过在生活环境上下些功夫进行调整，也能达到间接沟通的效果。比如在你丈夫经常用到的桌子旁、床头柜或浴室进出的地方、客厅里，放上一些小垃圾桶，等等，这样也可以帮助对方改变生活习惯。

美雪：是啊，我家的垃圾桶确实不多，我可以在他经常待的地方旁边放几个垃圾桶。

弘美：等到脏乱到无法忍受，再让他收拾整理，也会给对方造成负担，他也很难理解到事情的重要性。所以你得在弄得乱七八糟之前做好防范，开心俏皮地去要求对方。如果发现他衣服脱下来到处乱扔，可以告诉他"你去洗澡的时候顺手带过去哦"，或看到他的东西摊得满桌子都是，可以告诉他"我为你准备了一些专用的收纳盒"等等，机智灵活地调整和培养，想办法帮助他自然地养成新的生活习惯。当然，养成习惯是长期的过程，无法一步到位，也需要抱有耐心。

美雪：我老公经常说，"我原来准备之后就做的，你这么一说，我就不愿意做了。"

弘美：说明你丈夫也不是完全没有意愿去打扫和整理。你比你先生更爱干净，所以才会更快地发现生活空间中的一些细小变化。你也可以把这个能力用到如何更好地营造生活环境上，当然，调整时要观察他的习惯，尊重他的习惯。

美雪：培养耐心是我的功课啊。

弘美：有耐心也是女性面的一种特质，为了自己的幸福，可以多多尝试练习。如果对方按照你说的做到了，一定要告诉他，"你真厉害，你好棒！"多表扬对方，并真心感谢他，"谢谢你能为我这么做，我真开心！"

美雪：我以前不经常表扬他，也不会对他表示感谢。

弘美：男人们基本上都喜欢被表扬，被感谢。表扬对方时，不要让人感觉到是由上到下的评价，注意表达的方法。

对他们为你做的事表达喜悦和感谢，是对等关系的体现，相信没有男人会觉得不愉快。除了他打扫整理之外，经常表达感谢，也能让亲密关系更加顺畅、圆满。不过有一点，我们同时也要知道，就算我们要求他们去做，对方也未必一定会做到或有行动。不断地感谢对方，你的心情和环境会发生改变，可能对方也会逐步为你做更多的事。

在亲密关系的咨询中，有太多由价值观和生活观的不同而引发的矛盾。饮食上的喜好不同，早起或晚睡，喜欢在家或喜欢出门，社交型或不喜欢交际，积极乐观或消极保守等等，因双方互相带有正反两种对立的特质，而引发对立和冲突，加深了关系中的鸿沟。

这时如果一直坚持"我是对的，对方是错的"这样的态度，就无法解决这些对立。我们需要放下"自己是对的"，真心敞开地进行沟通交流。

而重点不是要说过对方，让对方听自己的话，重要的是要有这份心去理解对方，知道自己真正想要的是什么。

当价值观和生活观的不同引发的对立越来越激烈时，很多伴侣会选择在此分手。但是我们要知道，产生对立正是对双方"接受对方的不同，调整整合"的一个征兆和提醒。

如果两个人能超越对立，也就打开了一扇去往未体验过的全新亲密关系的大门。

咨询案例 12 夫妻之间如何谈钱

祥子：我老公不让我自由地花钱。他是一家公司的白领，我平时是专职家庭主妇，每周有三天在外面做一份合同工。虽然我赚的钱不多，但是家里的家务都由我来承担，这样真的很不合理。

弘美：你丈夫不让你花钱，具体是什么情况？他连生活费也不给吗？

祥子：房租、水电费、养老金等生活基本开支，都会从老公的工资里自动扣除。但餐饮、日用品、洗衣费等日常开销都由我来支付。这样七七八八算下来，我一个月的收入就用完了，连自己喜欢的东西都买不了。向老公要些零花钱，他也不愿意给，真是气死人了。

弘美：你们夫妻是各自管自己的收入啊，结婚时有没有说过钱的事呢？

祥子：我们结婚前同居了挺长时间，顺其自然结了婚。同居时，我也有一份正式工作，彼此的收入也比较宽裕，就没聊起钱方面的事。

弘美：你为什么辞职呢？

祥子：当时想要孩子，准备怀孕，就辞职了。但光靠老公一个人的工资还不够日常开销，所以我在力所能及的范围内找了一份合同工。

弘美：现在趁这个时机，刚好可以商量一下关于钱的使用和分配问题。如果今后有了孩子还是现在这个状况，日子会过得很紧张。

平时你是怎样对待你丈夫的呢？有没有每天为他所做的表示感谢，给他笑容呢？还是说每天会对他唠叨个不停呀？

祥子：说实话，我对老公没什么好脸色，发脾气抱怨比较多。

弘美：比如说？

祥子："晚回来得联系我""休息天你懒懒散散要睡到什么时候呀"等等。

弘美：你总会看到和指出你对他不满意的地方啊。你们的性生活怎么样？

祥子：老公经常有这方面的需求，而我却没有多大的欲望，基本没什么性生活。

弘美：原来如此。在你们俩平时的关系和生活里，可能你的力量过大了一些。我们暂且把钱的事放在一边，先看一下你们关系里的力量比例，你觉得你拥有百分之多少的力量呢？

祥子：65%左右吧。

弘美：也就是说你丈夫的力量只有35%。可能在生活中你比他更有权力更有力量，所以你先生才想通过掌握经济主导权来报复你。

祥子：原来我老公这是在为难我啊！

弘美：我认为他并非故意这么做。不论是亲密关系还是人际关系，都会自然地调控相互之间的力量均衡。你平时对你丈夫的抱怨也不是要故意为难他吧？

祥子：我看他懒懒散散的样子就心烦，抱怨也就脱口而出了。

弘美：我想你对丈夫的抱怨也是无心的。或许，他在经济上还有什么担忧，所以才不会那么大方地给你零花钱。

祥子：确实，我老公的口头禅就是"没钱没钱"。我心想，我赚的钱更少都还没说什么，他老是嚷嚷这些干什么呀……他还一直说要存钱为将来做准备，所以总感到紧巴巴的很拮据。

弘美：看来无论是对钱也好，还是在对待人生态度上也好，你是属于乐观的，而你先生更偏向悲观的性格吧。

祥子：是的。我总觉得无论怎样未雨绸缪为将来存钱，现在过得不开心，那又有什么意义呢？

弘美：当你有这种想法的时候，你能为他做的不是抱怨和指责，而是应该给他信心，让他安心。

祥子：但是我手头又没钱让他放得下心，就算安慰他"没什么，总会好起来的"，他还是怪我"你又不赚钱，你这么说一点说服力都没有"。

弘美：我指的并非是金钱方面放心无忧，而是指给他日常生活和人生的安心和笃定。如果你平时老是抱怨你丈夫，他就没有一个安心的空间。他可能比你想象中对自己的人生和与你的关系，抱有更多不安和忧虑，千方百计地想要为将来存钱，以备不时之需。

祥子：那我不抱怨他就好了吗？这样我心里又会积郁很多压力，烦躁不安。

弘美：放下心中"我是对的，你是错的"的价值判断，尽量满足你丈夫的要求，在生活中给他更多的温暖和滋润。这样你丈夫能找回自己的力量，在金钱方面两人之间也会越来越平衡。

祥子：怎样才能让生活更滋润呢？

弘美：自己先给出爱，你的心情也会更舒畅。这能安抚和缓解你丈夫的不安和恐惧，同时能带来经济上的富足。

祥子：可能我对老公在那方面确实太小气了，所以老公在金钱方面对我也会吝啬啊。我先从性生活开始改善吧。

弘美：当你们之间的力量比例趋向平衡，也需要好好进行沟通。就像回到新婚时，互相了解彼此的经济状况，安排和规划家庭的财务支出。

祥子：具体应该怎么做呢？

弘美：你可以先提出"为了我们今后的幸福，我想和你谈谈钱方面的安排"。比起眼前的自身利益，把意识聚焦在两人今后的幸福上进行沟通。你们可以先畅想和描绘一下你们的幸福蓝图,这样交流也会更顺畅。

祥子:我们都没有一起谈过或设想过幸福的愿景。总感觉也没什么目标,就各自争取自己的幸福就好,所以会发生价值观的错位,也无法好好交流,彼此只会抱怨对方了。

弘美:从长远来看,你丈夫的谨慎节俭会让你们的将来或你的人生过得更好更丰盛,而你的乐观,也会给他带来心理上的安慰。通过有效沟通,你的乐观滋养和他的踏实可靠得以整合,可以培养出新的建设性的关系。

在有些伴侣关系里,和案例相反,妻子失去了力量,而丈夫成了浪费的那一方。

"出钱就要买看得见、摸得着的东西,看不见的东西就不愿意付钱""钱到底要为自己花,还是为两个人花"等等,因为用钱的方法和价值观不同,往往会引发双方的各种争执。

不管怎么说,争执双方各自拿回自己的力量,决定两个人一起幸福才是最重要的。

之前几个章节中谈到的"提升女性面""女性面和男性面的平衡""父母传下来的模式""放下个人形象""独立与依赖""执着""沟通""俄狄浦斯""竞争""对立"等这些隐形问题,也最容易或最明显地反映在对钱的态度和处理方法上。

建议大家不妨客观地去观察一下自己是如何对待金钱的吧。

咨询案例13　让婆婆看孩子，自己心里却很堵

夏希：我的烦恼是我和婆婆的关系。每次和丈夫带孩子去婆婆家玩，都会让我感觉不舒服，堵得慌。按理，婆婆帮我照顾孩子，对他们也很好，我应该感激她才是。

弘美：那你为什么不高兴呢？

夏希：不知为何，总有一种孤单的感觉，感觉丈夫和孩子都被婆婆抢走了一样。

弘美：难道你不觉得"能短时间从照顾孩子和烦琐的家务中解放出来，好幸运啊"。我经常对丈夫说，"如果你要回老家或和朋友聚会，请提前把安排告诉我。这样我也可以配合这些时间安排，去做我喜欢的事。"

夏希：但我总觉得事情不是这样。我也会利用这些时间去打扫平时很难打扫的地方，慢慢看会儿书。脑子里知道"好轻松，可以放个假了"，但是总是无法静下心，反而会烦躁不安。

弘美：有可能你在和你婆婆争抢你的丈夫和孩子，陷入了俄狄浦斯情结的陷阱。在这场竞争中，你输给了你婆婆。或许是你童年时期和母亲竞争去争抢父亲的家庭关系，在新的家庭中重新上演了。

夏希：是啊，我一直能感到不被父亲爱的寂寞和孤单。

弘美：你把你先生看成了你父亲，把婆婆看成了母亲吧？你有兄弟姐妹吗？

夏希：有一个哥哥。

弘美：你和哥哥，和父母之间的关系又是怎样的呢？

夏希：哥哥成绩优秀，还是运动健将，是我们家的中心人物。

弘美：你对这样的哥哥感觉怎么样？

夏希：还挺复杂的。一方面觉得他什么都会，一直得到所有人的关注让我很羡慕；另一方面，感到和哥哥比，我什么都不行非常沮丧。

弘美：那你对父母有什么想法吗？

夏希：我心里一直会想，不要光关注哥哥，也要看看我啊。

弘美：在你的原生家庭中，一直有"谁是最被关注的那个人"的竞争。你可能把你哥哥的样子，也贴到了你孩子的身上。

夏希：也就是说，我和我的孩子也在竞争吗？

弘美：是的，当我们陷入俄狄浦斯情结的陷阱，就会引发"谁才是最被爱的"竞争。不过，这个疑问本身就是一个悖论，真正的爱会遍及家庭的每一个人。孩子会全心地爱父母，也会全心爱他的祖父母。

夏希：真的让人很难选择。但我总觉得孩子比起我，会选择更疼爱他的奶奶，老公也会觉得他母亲更重要。

弘美：这些都源自过去的经历，让我们放下"只有自己是不被爱的"那个误解吧。你该选的不是孤独，而是爱。

夏希：好的。不过我还是不想让婆婆照看孩子，我对她带孩子的方法很有意见。比如她总是给孩子吃很多东西，让我很担心孩子的营养是否均衡和会不会得蛀牙。

弘美：你可以试试请求婆婆，"妈，晚饭前能不能不要给孩子吃点心或甜点"或"一定让孩子吃完东西后刷牙哦"，等等。

夏希：我很难对她说出口，我会有各种各样的顾虑，最终决定要不然让老公去说吧……

弘美：还有一点很重要的是，不要把你丈夫卷入你和婆婆的关系中。常有的案例是，丈夫夹在婆媳中间，被追问到底帮哪一方，让他们非常头疼。这不是一个好的解决方法。你带着自己的力量，负责地和婆婆交流，这样你和你婆婆的关系会变得更清晰稳固，也会增进夫妻间的连接和亲密关系。

夏希：让老公去协调我和婆婆之间的关系不太好是吗？

弘美：是啊，你可以想象你让父亲去协调你和你母亲之间的关系。其实同样，对你和婆婆之间，你和丈夫之间，你和孩子之间的关系，你要分开建立并各自维护，这样才能让所有的人都有一个良好舒畅的关系。

夏希：是啊，说到底其实非常简单。

弘美：是的。如果你觉得你对婆婆有抱怨或厌恶，说明你对你母亲也有同样的感觉。往往和婆婆之间的关系是自己和母亲之间关系的再现。能和婆婆建立良好的关系，也能帮助你疗愈和母亲的关系。

夏希：那我对婆婆感到敬而远之不敢接近，难道说明我和母亲之间也是这样的吗？可能我和母亲之间完全没有连接上啊。

弘美：如此这般，人际关系就是帮助我们认识自己的一种工具。

夏希：这样说，我也能认识到事态的严重性，我试着鼓起勇气和婆婆交流一下。

弘美：太好了，从我以往的经验中了解到的是，男人对妻子的要求不会非常多，主要就是"不训斥男人""满足性需求""和自己的母亲维持良好的关系"这三点。尤其是妻子和自己的母亲搞好关系，可谓是所有男性的夙愿了。

夏希：真是这样啊？谢谢老师给了我很重要的指点。

弘美：你不必去扮演一个好妻子，重点是找回自己的力量，"在丈夫面前不说婆婆的坏话""不让丈夫去协调和婆婆之间的关系，自己去解决"，只要意识到这两点，你们的关系就会有很大的改变。

第五章

让男人真心爱你的秘诀

我们其实对情绪一无所知

如何让隐藏在你内心的女性面得到绽放，那把钥匙就是情绪。

然而，我们对情绪的真正意义却一无所知。

正如从没人教我们怎样才能有良好的亲密关系一样，我们的父母、学校，乃至工作中的上级，他们也不会告诉我们情绪到底是怎么一回事。世上多半人都在情绪上不尽成熟，这个说法一点也不为过。

我们根本不了解：

- 自己愤怒的真正原因；
- 自己受伤的真正原因；
- 对方言行的真正原因；
- 自己到底要什么。

如果你对这些都非常清晰明了，你现在应该拥有一个极其幸福的人生，并且你周围的人也非常幸福。

如果你对现状哪怕有一丝不满和抱怨，但还是觉得"自己什么都懂"，或发现你周围有受伤的人或不幸的人，那就有必要认识到"其实我什么都不懂"，再去内观并挖掘自己真正的情绪是怎样的。

你心中"真正的情绪"

我们小时候比现在更能自由地表达自己的感受和情绪。

然而,在我们人生的某一个时间点,我们却学会了去压抑和克制自己的情绪。

为什么我们会压抑自己的情绪?因为当时我们感觉到大人们禁止我们表达自己的情绪。

其实大人们真正想表达的是"你不能因为生气就乱扔东西"或者"就算你一直哭,也不会给你买玩具",等等。家长们的用意是,不能借着情绪随便向人撒气,不能因为自己不开心就乱来,或一不顺心就耍无赖。

另外,当我们对父母隐藏一些秘密,或经历了巨大的打击,或看到了无法对别人讲述的事,或遇到无法用语言顺畅表达的事,我们也会压抑自己的情绪。比如:

- 在葬礼上调皮捣蛋,被家人骂了;
- 白天看到父母吵架,晚上却目击他们做爱,糊涂了;
- 见到身患绝症的人或残障者;
- 目睹兄弟姐妹大吵;
- 知道世界上有很多和自己同龄的孩子死于饥饿、

战争或恐怖事件。

当遭遇这些时，我们瞬间想去压抑那些疯狂涌来的恐怖和悲伤及愤怒，当它们从未发生过。

那些没有完全被经历和感受的情绪，会一直压抑和积累在心中，直到被释放。这些被积累的情绪转化成一种负能量，为了得以释放在你的心中百转千回，寻找一个适合的时机和出口。但我们的理智往往为了保护我们不受二次伤害，把自己隔离起来，不让自己去接触和感受这些情绪。情绪理智两者互相斗争，但结果理性胜出。

这样一来，我们的潜意识就会营造出类似的情景体验，甚至影响我们的身体，也要让我们去感受这份情绪，释放它。但是，我们会下意识地认知到"感受这种情绪非常危险"，继而更用力地压抑它们，直到最终完全无法感受到自己内心还存留着这些情绪为止。

也就是说，我们每天虽然生活着，但是并没感受到自己真正的情绪。那些被自己压抑的情绪，在不知不觉中影响着我们的人生，让我们重复着同样的模式，而我们却不自知，总是感叹"为什么我的人生那么不顺""无法按照自己的意愿活出自己的人生""觉得这不像自己"等，对自己的人生抱有一种矛盾感。

如果你想跳出这样的恶性循环，首先要意识到自己"可能压抑和克制了真正的情绪"。有意愿了解"虽然不清楚那些被压抑的情绪是什么,但它们确确实实地影响着自己的人生"。这样当你放松和舒缓的时候,那些被压抑的情绪才会浮现,或发生一些让你无法克制自己情绪的事,从而解放这些情绪。

当你带着意愿,抱着"我自己到底有些什么样的情绪"的态度去看待时,你会发现那些被自己压抑和克制的情绪。

当我们了解了情绪的目的,我们就能看见真相

每个情绪都有其"目的"。

很多人以为情绪是受外界影响而产生的,事实并非如此。尤其当我们感受到一些负面情绪时,会认为"我生气是因为那个人说了一些没礼貌的话"或是"我之所以这么伤心,是因为他伤害了我",等等。

而真正原因并非如此。

自己心中已有一团怒气,而那个人说了没礼貌的话,成了一个导火索而已。

自己心中已有一份悲伤,为了释放它,引发让它伤害自己。

你所遇到的事,你所经历的情绪,冒出来的想法,都是过去的再现。这些会反反复复地重演,直到被关注和解决。

你会有情绪,是因为你所经历的事触碰到你内心的某些

东西。比如说当你感受到愤怒或悲伤等负面情绪时，这说明它们触碰到了你内心原本就隐藏着的痛苦，或者发生的事和你自小所形成的思考方式、价值观相反，等等。像这样，我们要告别以往的伤痛或放下那些无用的思考方式或价值观，身边才会发生一些让我们感受到强烈情绪波动的事，好让我们感知到这些情绪的存在。

情绪是让我们照见"真相"的示警器。

所谓"真相"，就是开辟新的道路，看到真正的新世界。

情绪中交汇着诸多关于你的信息和智慧。认识你的情绪，感受它们，就能发现真正的自己，开辟真正的道路。

在第三章、第四章中登场的女性们，就通过感受自己的情绪，发现了和以往完全不同的自己，踏出了人生新的一步。

如果我们不能清晰地了解情绪的目的，就会错误地处理情绪和表达它们。常识认为要"压抑和控制负面情绪，能将其镇压才是情绪成熟的表现"，然而事实并非如此。

情绪并不分善恶。

当我们感受到情绪，不去怪罪对方或身边的环境，而是想"这种情绪到底想让我知道什么"或"这些情绪是为了让我得到成长而让我感受到的"。我们要有去接受这些提醒的意愿和态度。当我们有这样的意愿和态度，才能称为情绪上的成熟，能成熟地对待情绪，是拿起女性面领袖力的关键。

不带指责地沟通"唠叨的人"和"沉默的人"

在交流沟通和争执吵架的场景中,人大多会分为"唠叨的人"和"沉默的人"两种。

"唠叨的人"和"沉默的人",这两者是配对出现的。他们互相指责对方,只是硬币的两面而已,分不出到底谁对谁错。

这两种人都需要去学习成熟地对待情绪和做好真正的沟通。"唠叨的人"会毫不留情地指出对方的错误或指责对方没有按照自己的想法办事,直接把不满和担心等负面情绪丢向对方,以改变事态。说完后,有些人会自我反省说,"我一不小心就情绪化,总是生气,又哭又闹,感觉自己很糟糕。"有时也会展现出攻击性,闹出一些让人困扰的问题。

"唠叨的人"乍一看好像是加害者,但他内心坚信一定是对方不好,所以本人认为自己就是一个受害者。

而"沉默的人"往往在交流沟通的过程中感受到伤心或困惑,或一直忙着想去反驳对方,或想着具体对策,头脑中各种思绪纷飞。可是就不把心里想的向对方表明,可能是想等到风雨过去以后再说。有些人始终保持沉默或甩手就离开那个地方,成为"抽离者"。

表面上看来他们并没有直接攻击对方,可能还会有"我比那些唠叨的人要成熟得多"这种优越感。因为没有具体反击的言行,看起来并没什么问题。

然而,"保持沉默"也是一种攻击。

沉默的人在交流沟通的场景里往往会是受害者。但对于另一方来说,他们的沉默无法传递出任何信息,所以会感觉被拒绝。

另外,有人会在对方面前故意唉声叹气,或者小声自言自语,嘀咕对对方的不满,或把不满情绪表现在语音、语气、表情上,要不然就是重重地关上门等,弄出很大声响。这些虽然没有直接说或做什么,但也是一种取而代之的攻击能量。也就是说,"沉默的人",他是受害者的同时,也是加害者。"唠叨的人"的反应,也很有可能是对这种无声攻击的一种抗议。那这些"唠叨的人"和"沉默的人",怎样才能成熟地表达情绪,进行真正的沟通呢?

如果在双方交流中你经常是"唠叨的人"那种类型,请在双方气氛融洽,进行正常交流时,告诉对方,"如果今后我说过头了或说了过分的话,你要告诉我。我需要你的帮助。"如果真说多了,说过分了,请马上道歉。当觉察到对方不高兴了,或故意和自己保持距离,不联系自己时,要反思自己:"我做错了什么了吗……"

对"唠叨的人"而言,有一句特别管用的话能帮助他们好好地沟通,那就是:"我什么都不明白。"

"唠叨的人"往往会认为自己非常清楚自己和对方的情况，自己的所想所做都是对的。但基本上事实并非如此。如果采取"其实我什么都不明白"的姿态，就会想着要去听取"沉默的人"真正的感受，发现自己可能想错了，了解自身还未觉察到的感受，认知到双方谁都不知道各自的答案。这样自己的内心会出现一些空间，可以和"沉默的人"进行完全不同的交流和沟通。双方也会找回自己原来的力量，超越斗争，建立起互相理解和付出的亲密关系。

如果你觉得你不是那个"唠叨的人"，那你可能就是那个"沉默的人"。

请你想象一下，如果你和对方说话或问对方问题，对方一直不回答或者没有反应，你也不知道他在想什么，你会不会很烦躁呢？

可能你的言行也会给别人造成这样的印象。

其实我本人以前也是偏向"沉默的人"这种类型。

经常会感受到"被人攻击"，关系越好越感觉害怕对方。我一直觉得自己不会做出攻击别人那些不成熟的行为，深信"自己没有任何攻击性"。

但是，当我发现"通过沉默，也可以攻击对方"或"我自以为是受害者。不过对对方而言，我可能也是加害者"，我才觉察到我和对方一样，也在进行攻击。

以前的我因为不知道该为自己说什么或者如何去寻求

别人的帮助，所以一直忍着不说。就算有些难过痛苦的事，也不会放在脸上，别人也不清楚到底是什么情况。但是越忍越憋着，在心里就越会怪罪对方，升起很多"但是"或"凭什么"等借口。

我的第一次婚姻，因为我一直对对方的言行没什么反应，而让对方焦躁不已，导致关系越来越糟。之后就算我离了婚，换了其他对象，也展示出同样的性格，反映出同样的关系模式。所以我发现我有一种"受欺负"的模式。

当时我一直以为忍气吞声，不计较才是成熟沉稳的态度，没想却因此而让对方烦躁不安。

所以如果你是那个不说话的人，如果你没有意识到"一直处在受害者的位置，迟早会转化为加害者"，你就会在生命中不断遇见那些"唠叨的人"或者暴力的人，反复地去经历和体验困难的人际关系。

重要的是，要有决心从这样的恶性循环中摆脱出来。

为此，需要清晰地知道"沉默也是一种攻击"，带着勇气努力去表达自己感受到什么，在想什么。

首先，要承认"自己也会生气，也会攻击别人，和其他人没什么两样"，承认自己的所感所为。当然，很多人会对如何去表达自己的情绪和想法有一些害怕，所以在沟通时，可以事先告诉对方，"我也不知道是否能够清晰地表达自己，但是希望你能听我说完……"或把自己想说的写信告诉对方。

我当时下决心"要为自己表达"或"说错了我也要讲出来"，"此时此地一定要把自己的不愉快和难过说出来"，不断练习，告诉对方"你这么说让我很受伤"。

如果平时一直忍着不说自己的心里话，很容易成为那个"沉默的人"。如果你有这种倾向，建议大家平时在笔记本上把这些想法写下来，或找一个相对客观中立的朋友听你倾诉，来释放这种负能量。

"沉默的人"总以为自己心平气和，沉着稳重。但是如果真是这样，你周边也应风平浪静，没有什么暴力的人吧。

如果你以为自己是平和的人，不过周围却有很多动不动就发脾气、"唠叨的人"或有暴力倾向的人，这就说明你不过是在压抑自己的愤怒而已。那些你周边愤怒的人，有可能只是在帮助你宣泄被你压抑的情绪。

或许你以为这是无稽之谈，但如果你留意一下，尤其悉心观察孩子，你会发现这是真的。

比如说当孩子发现家庭内的氛围不安稳，他们会有所感知并表达在言行上。

他们会坐立不安，不好好吃饭或睡不着觉，或者无端大哭大闹。当家中有谁去世或者发生一些金钱上的问题，或者父母吵架等引发"不安稳的气氛"，孩子们比大人更有能力去感知到那些大人无法表述的情绪。

不论是情绪的感知还是交流,对于"唠叨的人"或"沉默的人"来说,双方都要以一种成熟的态度来应对,也就是不责怪对方,不怪罪自己,尊重对方的心情和所处的状态,相互连接。把自己的感觉和对方的心情或所处的状态都放到一个平面上,客观地去观察。

这样一来,在情绪或一些观念和真实的自我之间,会产生一些空间,更容易单纯地聚焦在"如果自己也有这样的经历,那对方的经历和体验又是如何"这样的认知上,进行冷静客观和顺畅的交流。这时可以告诉对方,"我是这么感受的""对于我来说,我有这样的感觉",把自己设为主语进行交流会更有效。

当然,以上说起来都非常简单,但在实践上还需要一定的练习。

吵架是双方童年时期心碎的再现

无论是恋人还是夫妻,伴侣之间的关系都会经历几个阶段。

- 浪漫期
- 权力斗争期（吵架）
- 死亡期
- 共同创造、相互依靠期

浪漫期，顾名思义，双方爱得如胶似漆，怎么看怎么顺眼，怎么看怎么喜欢。两人互赠礼物，互相会为对方做对方想要做的事，一起去经历体验，是热恋的阶段。

而权力斗争期（吵架）这个时期，双方性格或价值观上的不同逐步显现，两人之间会发生越来越多的争吵，争夺主导权，也会对对方有更多的控制。或以"价值观的不同"为理由，很多伴侣选择分手。

死亡期和名字一样，感觉关系已经变得死气沉沉，是这样的一个时期，有时候也会称之为倦怠期。

交往时间久的伴侣或者老夫老妻们很容易陷入这样的死亡期，互相对对方失去兴趣，完全感受不到关系有任何进展。既没有修复关系的意愿，同时也懒得分手，有很多人陷入貌合神离的假面夫妻状态。

这些关系不死不活的夫妻或伴侣，会滞留在死亡期，感叹"人生和夫妻关系也不过如此"而停滞不前。

但不为人知的是，无论是权力斗争期（吵架）还是死亡期，都有各自的解决之道。当一对伴侣或夫妻真正越过这些时期,将会携手走进更加充实美好的共同创造、相互依靠期。

在这个全新的时期里,会经历第二段浪漫期。

和最初的浪漫期不同,在这第二次浪漫期里,不仅能深化相互了解,也能接受价值观和性格上的不同。再次互相发现优点,对彼此的存在心存感激。同时,交换各自的天赋礼物,更有意愿去建立新的关系。

在这里,我们要谈一下夫妻或伴侣们在关系中都会经历的考验——权力斗争期(吵架)这一阶段。在这一阶段,双方会竞争"谁先让对方满足自己的要求",而起因往往都是一些细枝末节的小事。

下面我们以一对结婚第二年,在日常生活中常因为互相的需求竞争而引发吵架的夫妻为例来说明。

丈夫在厨房喝了咖啡,直接把喝剩下的咖啡渣倒进水槽里,然后就回到了客厅。

妻子看到后说:"你就这么倒进去,咖啡的色素会沉淀,留下颜色,你用水冲一下哦。"但丈夫没听,妻子又说,"你没听到我说什么吗?去冲一下呀!"但丈夫嘀咕说,"烦不烦啊。"妻子虽然不高兴,但是还是当没听到,自己去水槽冲干净了。

几小时后,妻子在客厅沙发上看电视,而丈夫坐在电脑前工作。往常，丈夫会对妻子说："我要专心工作，你把电视的音量调小一点或静音吧。"但是这次他明显不高兴，一言不发跑到客厅就把电视关了。妻子脾气也上来了，"你这样做是什么意思？不会好好说吗？"一来一往就吵翻了。

妻子这边抱怨说，"我告诉他要把剩下的咖啡渣冲干净，但是他不听，还嫌我烦，要么就二话不说，把电视的电源给关了。真是小孩子脾气，什么时候才能长大呀！"

而丈夫会说，"最近工作实在太忙，压力也很大，难免有一些焦虑，所以没有听你说什么或顶个嘴，出一下气，突然关了电视什么的，也是我不对，这个我道歉。但我一直跟你说过，我工作时把音量调小一点，但你每次都不听，我实在忍不下去了。"

于是妻子又说，"你每天都说工作忙，又不是一天两天了，什么时候才能安定得下来呀。你要是说让我把声音调小，那我还想让你把咖啡渣冲干净呢。"

丈夫马上还嘴，"工作我又有什么办法呢，冲个咖啡渣这么小一点事，你看到了，帮我冲一下不就好了？"

但妻子也不服，"想看个电视都不能好好看，每次都要配合你，我也不乐意啊！就像你那么在乎电视机的音量一样，我还讨厌咖啡渣给水槽留颜色呢。"如此，两个人的对话一直像是处在平行线上一样。

诸如这般，因为生活空间的使用和分配，或者因为一些生活习惯不同导致的小摩擦，发展成吵架的情况，我在为夫妻和伴侣做咨询中经常会听到。

就刚才那对夫妻的例子而言，一方面丈夫因为繁忙的工作被压得喘不过气，无法正常沟通和交流，想让妻子更体贴他一些；而另一方面，妻子对只顾工作的丈夫特别不满，因为丈夫对自己不闻不问，她也不愿意去满足丈夫的需求。双方都把自己的需求强加在对方身上，因为对方没有满足自己的需求而生气。如果你不满足我的需求，我也不愿意满足你的需求，互相暗自较劲。

也就是说，"如果你先满足我的需求，我才会考虑满足你的需求"，有这种隐形的较量和竞争。

当双方进入权力斗争期（吵架），都不愿意去满足对方的需求，或想要控制对方。如果放任这样的关系持续下去，双方的心也会渐行渐远，心想"我才不愿意满足你的需求呢"，互相为难对方或报复对方。另外，还会出现一吵架就比"谁先道歉"这样的竞争，"你不道歉，我就不原谅你"这样的想法让关系愈加恶化。

为什么会演变到这样的状态呢？双方在小时候都和父母或家人之间有过没被充分满足自己需求的受伤体验或情绪（心碎）。他们成年后，和亲密的人之间有了亲密关系，为疗愈小时候残留的这种心碎，才会在亲密关系中引发自己需求不被满足的经历。

所有夫妻伴侣之间的争执和吵架,都会展示出这对伴侣需要去克服和超越的童年时期的一些课题。我们需要认识这些情况,发现和感知到自己的需求,同时也善待对方的需求,给对方安慰和体贴。这样才能疗愈自己和对方过去的心碎,让双方的关系更深更亲密。

同时尊重自己和伴侣

无论男性和女性,在关系里都有个强烈的愿望,希望"得到对方的理解,懂自己",善解人意,通情达理。

如果能仔细地审视当时的场景中,自己和对方因为感受到什么才会说出那样的话做出那样的事,就能找到各自言行背后的用意和原因。

比如,"原来,我干扰他是因为我感到孤单想让他关心我啊""可能因为他太累需要独处的时间,所以显得很不高兴"这样的感知和觉察。

身为女性,亲密关系里的那把钥匙握在你的手中。如果你可以照见并觉察到自己的情绪,同时也能体谅对方的感受,你的女性魅力将升级,亲密关系也会得到发展。同时尊重自己和对方并进行沟通交流，会让你们的关系有更深切和亲密的连接。

谈谈"指责男人"

那些动不动就指责男人的女性，通常有较强的依赖和责任转嫁的倾向。而问题所在，是她们对自己在指责他人时毫无自知。她们会说"我只是问两句呀"或"我只是实话实说，表明我的感受而已嘛"，对此想得比较简单。

如果女性认定"他应该守护我的安全，对我的幸福负责"，当男人没有按照她们的意愿行事时，她们就会指责对方。她们总觉得"如果你爱我，就应该更关心我"，如果一直纵容这种情绪上的任性，男人也会逐步失去他们的自我。

如此下去，男人要么一直讨好你，满腹抱怨，要么就离你而去。男性原本就有较强的负罪感，如果你一直是一副苦瓜脸，就算你没有责怪的意思，他们也会觉得"是我的错，我又搞砸了"。所以不要让他们感觉受到了指责。

女性需要对自己诚实，真实地看到自己的所感所求。例如"那样做是出于我的焦虑把他当成出气筒了"或"太想听他说几句温柔的安慰，希望总是落空好难过"，首先要如实地认知自己的情绪。如果能不指责对方，也不想着改变对方，接纳自己真实的感受，才能涌现出如何相处的好点子和灵感。"对自己情绪负责"的意愿，会引领你趋向情绪的成熟。

让男性动起来的"有效沟通"

在夫妻咨询过程或课程中,我时不时地会请他们进行现场演练,"就当你先生在你面前,演示一下平时你如何对他说话"或"现在试着对他表达感谢""现在试着对先生表达请他做什么事",等等。

然后,当她们一开口,我常常被吓一跳,不禁问出"难道你平时就这么说话的?"其实,声音和语调的高低也会很大程度影响关系。声音过高会给人紧迫感,而低音则容易引发恐惧感。

和对方说话时,如果能有意识地听取自己的声音,整个人的状态也会趋于平稳。在情绪化的时候讨论重要的事很难有好结果。

如果在想要进行沟通时意识到自己比较情绪化,可以换一个房间或到卫生间避一避,拉开距离。同时,向伴侣建议找一个能心平气和交流的时间和场所继续沟通。

带着情绪说话,会让对方认为"她总是这么歇斯底里让人讨厌",就算是肺腑之言或是切实的需求,也给了对方听不进去的借口,这会非常吃亏。

另外,类似"你能不能更踏实靠谱一些?""我希望你能更温柔体贴"等说法,对男人们而言听起来抽象模糊,他们也搞不清具体该做什么。可以换种说法,"老公你每周能抽两天时间早些回家，帮我给孩子洗澡吗？这样我可以定下心洗头洗澡了""要把袜子放到洗衣机里去哦"，记得要具体明确地告诉他们需要做什么。

女性们请注意，在对男人提出要求时避免絮絮叨叨喋喋不休，把要提的要求尽量归总在两句话之内，清晰简洁地说明。

开始阶段，如果想要表达什么，建议大家可以先做些练习，准备好怎么说再表达。把握好分寸，在男人们说"烦死了""别啰唆了"之前止步，同时用轻快明亮的语调如"亲爱的我想跟你说件事哟""想请你帮个忙好不好嘛"提出话题会更有效。

男性不擅长把负面词在头脑中进行转换，应该以正面的、建设性的行动做出回应。如果一个女人告诉一个男人"你真是个冷漠的人"，一般男人不会觉察到女人真正想表达的意思——"想要更多温柔关心"。他们会按照字面意思一根筋似的觉得"反正我是个冷漠的人""就这样懒散惯了"，反而会变得破罐子破摔。

动不动就被指出要改习惯或改毛病，大部分人都听不进去吧。女性要注意清晰地说出重点，在对方有行动或做到时表达感谢，"哇，谢谢你，好开心！"同时，日常也多多给予认可和称赞，如果有"想要这样做""不要那样做"的要求，大约以五句认可加一句要求这样的节奏向对方提出，把握好称赞和要求的平衡。

让他珍惜爱护你的秘诀

如果你能顾及男性行为背后的用意或需求去培养他,他自然会珍惜你的存在,认真对待你。

有一部老电影《壮志凌云》,男主人公精英飞行员麦德林在一次飞行事故中痛失好友,他的女友查丽诚挚地告诉他"并不是你的错"。但那时麦德林无法接受,查丽觉察到他还没做好准备,暂时离开他身边给他足够走出来的空间和时间。期间,查丽过好自己的生活,时不时通过麦德林的同事了解他的近况。当她感受到麦德林终于站起来时,又出现在他身边陪伴和支持他。"在什么时机,用什么方法去帮助他",又因人而异,需要耐心细致地观察。我认为,顾及男性隐藏在言行下的情绪并给予支持,可谓是女性的一大特质。很多女性听到要"培养男人"时,总会很不甘愿地想"凭什么要我做,我还是个宝宝呢",那说明你可能还没有做好支持男性的准备。

这样的话,首先你得先认知和关注自身的情绪,成熟对待,更多地聚焦在女性面的绽放上。让女性面得到更多的绽放。随之,你们互相既不会任性无理,也不会隐忍牺牲,自然发展为平衡自在的关系。你逐步能理解男性的感受,更有效地帮助支持他,成为他生命中不可或缺的存在。

专栏二　疗愈情绪的结合练习（对视练习）

女性面特质的成熟，需要去觉察和了解以往人生中不知不觉压抑的各种情绪，并且疗愈它们。被压抑克制的情绪，有愤怒、悲伤、寂寞、空虚、挫败感、自卑、罪恶感、无价值感、憎恨，等等。

或者也有喜悦、开心、欢乐、痛快、安心、感恩、爱，也有很多人会压抑这些积极正向的情绪。

任何情绪，只要我们去感受它们，它们都会释放干净，感觉完之后，我们自然而然地会向前迈出一步。

但是，很多人小时候因为被父母训斥，或经历过一些特别受打击的事件，而觉得感受情绪让人太痛苦了，所以会禁止自己去感知自己的情绪。

现代社会中的很多痛苦或问题，换言之，正是因为很多人压抑情绪，不去感觉它们而引发的。或者说正因为有敏锐的感觉，容易多愁善感，而很难在现代社会中得以适应，活得不开心的人也为数不少。

如果不去感受自己的情绪，会强化"夸张的男性面特质"，这些行为都是出于不安和恐惧。从长远来看，用强化的男性面来生活，人生也不会过得舒畅。想要摆脱这样的困境，就有必要去找回自己的情绪。

当自己能真正接纳小时候被自己压抑的悲伤或寂寞等这些情绪，或者借助别人的帮助，陪伴自己去感受完这些情绪，会逐步找到痛苦的源头。感知并释放它们，那些痛苦、怀疑和憎恨的情绪也会烟消云散。取而代之，会感受到爱、感恩和喜悦，这就是疗愈。

在第三章、第四章的咨询案例中，那些女性把自己从童年时期压抑的情绪中释放出来，有不停流泪的场景。其效果之显著，也正因为采用了这样一种感受情绪的疗愈手法。

在工作坊中，我们把这个方法称为结合练习（对视练习），即两人一组对坐，通过注视对方的眼睛，释放自己的情绪。借由对方触碰到自己的情感深处，得到疗愈。

所谓"结合练习"，就是要建立连接，指的是和自己的情绪、情感建立连接，和眼前的人建立连接。整合自己，和自己爱的本质建立连接。

当那些被压抑克制的情绪得到疗愈，我们会感觉和眼前的人之间没有了隔阂，完全被爱所连接。反复体验这些，会帮助我们找回更多的自信、女性面特质和爱，更有力地去活出原来的自己。

结合练习是一扇打开真相的门，帮助我们找回人生的光芒，是一项极有力量的女性面特质的方法。无论发生任何事都不逃避，去直面经历，这样你的灵魂也会得到磨炼，发出更耀眼的光芒。

第六章
女性是世界之花

从母亲身上找到爱的种子,真正的伴侣就会出现

身为女人,如果你想绽放出最美的光芒,时时刻刻活在幸福中,那你就有必要改变你对母亲的看法。

想一下你的母亲是什么样的人,你又是怎样看待你母亲的呢?

这世上有各种类型的母亲。

有些母亲对孩子寄予厚望,成为虎妈;有些母亲不管大事小事,都要管头管脚;还有那些根本就没有做好育儿准备的,连衣食住行教育都无法充分给到孩子,是退化型母亲;或体弱多病,无法照看孩子,反而要依赖孩子的母亲;当然也有能够完整地接纳孩子,成熟的母亲,等等。

如果细分,可谓每个母亲都不一样。以我常年来为众多女性做咨询或开工作坊的经历而言,有一种认知就是"不管是什么样的母亲,她都尽力而为了"。如果女孩子们接受这个事实,她们就能发挥女性的光芒,更多地感知幸福。

现在,社会上有很多"如何多赚钱""如何找到如意郎君""如何成为优秀的企业家"等各种各样的宝典,但是却没有一本教人们"如何成为好母亲"的经典指南。

没有人会教谁成为一个合格的母亲,你的妈妈也没有学

过，你妈妈的妈妈也没有学过。

在第二章"找不到伴侣的女性应该放下的 5 个执着"中，提到过"从父母这里继承的模式"。也就是说，一个母亲只会按照自己母亲的做法去抚养自己的孩子。最近有很多妈妈结成了社群，互相进行交流，但实际上也是在各自摸索，谁都没有一个明确的答案。

而我们往往会对并不完美的母亲一直持有批判或抱怨，就算我们长大也不改变。我经常告诉她们的是，"当你是 3 岁的孩子时，你妈妈也是 3 岁的母亲"，你的年龄和你母亲成为母亲的岁数其实是相等的。

说易行难，原谅自己的母亲真是一件困难的事。

一位女性的恋爱烦恼

在这里，我要介绍一位学员美千子的案例。她从年轻时开始就一直反复糟糕的恋爱经历，为找到一位真正的伴侣而来我这里上课。

其实，亲密关系与和母亲的关系有着密切关联。常说女人容易喜欢上和父亲相似的人，而从关系的相似特性来说，我们与伴侣之间的关系会反复再现和母亲之间的关系，"你与伴侣之间的纽带强度"和"你与自己母亲的连接强度"成正比。

美千子一直没有一个很好的亲密关系，是因为她和母亲之间遗留着很多怨恨，把与母亲的关系投射到了情侣关系中。

美千子的母亲精神上很不成熟，也没什么朋友。在美千子小学时，母亲就开始向她倾诉烦恼。作为小学生的美千子为了帮助妈妈，一直很认真地倾听，帮妈妈参考。反而美千子从未和她母亲说过自己的不安和烦恼。

母亲的抱怨和烦恼，直到美千子长大后都没有停止，往往电话里一抱怨就持续几个小时。

终于有一天，忍无可忍的美千子在电话里对母亲喊道："你能不能长大呀！我是你孩子，为什么要听你这么抱怨呢？你可以跟老爸去讲，或跟别人讲啊。"而她母亲听后在电话里哭诉，"你怎么那么冷漠，那么狠心啊！"

像这样的母女关系并不少见，正因为母亲精神上没有成熟，女儿反而成为母亲的"母亲"。

美千子要想找到属于她自己的幸福，必须要让出"母亲"的位置，回到女儿的位置，并且原谅她母亲。

弘美：美千子，你能够原谅你母亲吗？

美千子：我从小就被迫做了我妈妈的"母亲"，所以我感觉被剥夺了自己的童年，想要消除这份愤怒和憎恨实在太难了。

弘美：你的童年真的太艰难了。尽管如此，她都是生你的母亲,给你喂奶换尿布,你能够平安成长,也是她哺育的结果,你能不能承认你母亲也尽力了呢?

美千子:当然,我母亲在物质上养育了我,但是在精神上,她根本没有起到一个母亲的作用。因此,我的人生一直在痛苦中度过。

弘美:你看,你一直赢过了你母亲啊。当你一直赢了你母亲,你就无法获得幸福的亲密关系。你有没有意愿向母亲"举手投降",再次回到小时候妈妈和女儿的关系中去呢?

美千子:确实,我有一直把妈妈比下去的感觉,当然我也为此自豪。同时,我也会恨我妈妈输给我,恨她不争气。我不知道如何去对待她,也不知道如何才能原谅她。同时,如果让我想象我要输给她,我会感到特别难过和不甘心。

弘美:或许你可以把意识集中到找到母亲身上"爱的种子"上。

美千子:我怎么不觉得母亲身上会有爱的种子呢?她是那么的不成熟,那么的自私自利,只顾自己。

弘美:那我们换一个问题,你为什么不想在你妈妈身上找到爱的种子呢?

美千子:啊……原来是我不想在妈妈身上找到爱的种子啊?我完全没有觉察到这一点,我以为我母亲身上并没有爱的种子。

弘美:所有的人都拥有爱的种子,你妈妈也有,你也有。从爱的种子中萌生出来的才是真实的样子，除此之外都只是暂时的样子而已。

美千子：从妈妈身上找到爱的种子，会让我感到有一种输了的感觉，难以接受。

弘美：就这样不要抗拒，全面投降，才会为你打开真正的亲密关系的大门。为什么你不想输呢？

美千子：现在给我的感觉是，如果妈妈身上有爱的种子，会有麻烦。

弘美：为什么你会觉得妈妈身上有爱的种子会有麻烦呢？你小时候不是因为妈妈在精神上没有爱你而生气吗？

美千子：我觉得我的爱的种子比她的大。

弘美：原来你和你妈妈在比较和竞争谁的爱的种子大呀。

美千子：如果我承认妈妈也有爱的种子，我会觉得我的种子是那么的小，好像假的一样，我很不愿意承认这一点，感觉如果这样，我的爱的种子就会消失……

弘美：你母亲的爱的种子和你的爱的种子不会成反比，每一颗种子都是很伟大的呀。

美千子：应该是这样的，但我当时以为谁的种子大了，另一方的种子就必须要小。

弘美：现在你能从你母亲身上找到爱的种子吗？

美千子：行，现在我可以。在母亲身上看到爱的种子，我也能随之感应到自己心中也有。我感到力量逐步回来了。以往我认为的爱原来并不是真正的爱。我不愿意承认自己是一个"冒牌货",所以才一直不原谅母亲啊。

弘美:那现在你是否能感觉到你母亲也竭尽全力了呢?

美千子:我觉得我妈妈一直很努力,可总是做不好,才会找我这个女儿来商量啊……她可能一直觉得自己很没用,却也无能为力。现在我才能感觉到,她是因为信任我,认可我的价值,原来我母亲有那么大一颗爱的种子,我能明白老师您说的"投降"是什么意思了。

弘美:我能感觉到,刚才,你真的做回了你母亲的女儿。

美千子:成为母亲的女儿原来是如此被爱包容的感觉,我好像人生第一次感受到母爱。我母亲一直如此的爱我,却是我一直没有选择看见,感觉那根紧绷的弦终于松下来了。

弘美:这样一来,你离你真正的亲密关系也走近了一大步啊。

美千子:我也有这样的感觉,会出现一个能自然相处不费劲的对象,好期待啊……

美千子以前特别讨厌成为像她妈妈那样的人,但是之后她发现,她母亲也是一个很可爱的女性。

过了几个月,她遇到了一个有包容力又温柔体贴的伴侣,现在过着幸福的婚姻生活。

现在,你在你母亲身上发现了百分之多少"爱的种子"呢?

就像美千子一样,在母亲身上找到爱的种子,越原谅母亲,你自己也越能够获得更多自由。这也表明了接受母亲的爱,"承认自己是被爱的",就是女性面的力量。

如果认可自己是被爱的,就能培养"自己是爱的存在"这份自信。能接受被人爱,也会接受伴侣更多的爱。

如果你遭受过虐待、精神虐待,被罔顾忽视

可能读者中有人认为,"无论如何,我都不相信我母亲爱我。"那么,你是否注意到你母亲童年是怎样的呢?或许她觉得"我没有获得充分的爱",因此也无法全然地爱你养育你。

不管怎样,不原谅母亲一直带着怨恨生活下去,你也可能会展现出和你母亲同样的特质。

或者,有些人为了坚决不成为母亲那样的人而刻意隐忍,要成为"好妈妈""好人"。这些人牺牲自己,而没有活出自己的人生,他们会在孩子们展翅离家或者结婚成家的时候,展现出过分的执着。

那么如何不受到母亲的负面影响,活出女性的幸福呢?

有一个很好的方法。请大家这样想象:

假设你母亲能够在幸福中被养育成人,她的身上也会生长出一颗"爱的种子",请你现在尽全力去找到这颗爱的

种子，在你心中种下并培育它。如果你母亲能够满怀慈爱，你的人生又会如何呢？不妨带着这种深深的慈悲去看待你的母亲，你的人生也将获得更大的幸福。

同时，你母亲也因为得到了你的爱和理解而得到了救赎。

如何不积郁辛劳压力，维持幸福的婚姻生活

结婚生活时间一长，因为夫妻之间价值观的不同或想法不一致，会有各种费心费力的场景，让人感到心力交瘁。想要建立美好的亲密关系，自然长久互相陪伴走完人生之路，需要一点窍门和秘诀。在这里结合我们夫妻的经验，向大家介绍一些经营幸福婚姻生活的心得体会。

不勉强、不过度

现代以恐惧和欲望为基础，趋向于动用过分夸张的男性面特质。受其影响，女性也会在不知不觉中更拼命、更努力。

无论是自己的生活还是工作，女性应该注意作为妻子也好，作为母亲也好，不要过度地消耗自己，不要勉强自己。就算有些事做不到，做不好，也不要责怪自己。

苛求勉强自己，会让自己的内心在不知不觉中充满压

力，亲密关系也因此受到影响，问题百出。要从日常生活开始善待自己，关注自己的身心健康。有这样的意识，自然也会善待自己的伴侣，让关系更加和谐。

吵架不留过夜仇

如果夫妻之间吵架了，尽量不要把不愉快留到第二天。

理解和认识到伴侣之间产生的不满是属于自己的情绪，接受它们。就算和伴侣之间发生一些不愉快或痛苦的事，也告诉对方"希望你能帮助我"，进行交流是非常有效的。如果自己或两个人都不能解决，也可以选择求助第三方进行调解。

我在生活中也会尽量在当天去原谅对方，尽快消除不愉快的情绪。也可以这样假设，如果明天两个人中的一个人就要死去，你一定不会选择今天在双方之间留下隔阂吧。

多多约会

很多人会觉得既然都住在同一个屋檐下，就不必刻意去约会了。这样既浪费时间，也会多花钱。

不过长久来看，定期约会能培育幸福的亲密关系。不管结婚多久，过了多少年，也可以在约会中发现对方和自己身上有新意、有魅力的一面。每一次都有些新鲜的发现，都会让亲密关系产生变化，加深互相的连接。

和伴侣的关系好坏，同时也是你人生好坏的写照，所以夫妻之间约会得越开心，人生也就越滋润。

可能在约会上会花一些时间和金钱，但其结果却会带来数倍的丰盛。

我们夫妻虽然工作都很忙，但是会在每年一月一起定下一年三次的休假和每月一次的约会安排。除非经过相互商量同意，不管有任何工作的邀请或其他邀请，都不会改变这些日程安排。如果孩子还小可能有些难度，但有时要优先安排夫妻两人相处的时间，这也极为重要。

我们的夫妻生活

我们夫妻两人在结婚纪念日时，都会互相问一个问题，"怎么样？今年也愿意继续这段婚姻吗？"每年如此。

可能因为我们两人都是再婚，也为了在结婚这个固定制度下，让自己轻松、减负、更愿意承诺，才这样问对方。说实话，我在第一次离婚之后一直对婚姻心有余悸，对是否要再次步入婚姻有些犹豫。

一开始每年纪念日上如此确认，感觉是半开玩笑。却没想到有了一些意想不到的效果，也就是说，这个问题也是在向自己确认，决定"再爱这个人一年"。

其实在一段关系中并不只是一年一次，倒是需要每天数次去确认和做出这个决定。

我的意思是，并非认命地说，"婚都结了，还能怎样"半推半就得过且过，而是为了自己认真考虑，决定"今年也要和这个伴侣一起生活下去"。可能因为这个歪打正着的"一年续婚制"，我丈夫非常爱我，也很信任我。我自己也不会刻意地想要成为一个"好老婆"，而是可以自然自在地和丈夫相处，认为"没有人比我更理解我丈夫"，也对他和对两人之间的爱情更充满信心。

当我们夫妻关系出现各种矛盾时，我曾经有几次挤眉弄眼对他说，"马上要到续约更新的日子喽"或半开玩笑说"我现在好想跟你分手呦"。我想也是因为通过开玩笑可以让自己消气，才能回归自己本来的样子吧。

夫妻生活不能过于严肃，时不时开开玩笑，或运用幽默的力量，能更好地建立起幸福的亲密关系。

如果真的在亲密关系中感到走到了尽头，想要分手，也让自己仔细地去思考"到底在执着什么，紧抓着什么不放"。

我在和现在的丈夫结婚之前，有一段时间感觉和他的关系变得举步维艰。

在不断审视的过程中，我发现我一直执着于两个人关系中自己的"特殊性"，于是，我决心放下这个需求。所谓"特殊性",就是"这个人只属于我,我也只属于这个人"互相拥有对方的这种特别的感觉。

当时,我丈夫已经是职业心理咨询师,我告诉自己,"他不只属于我一个人,他属于全世界,我必须放下"。当我放下对他的特殊性的需求后,我才发现我一直抓着"这个人应该这样","我们夫妻一定得这样"的期待和执着不放。

在这之后不久,一个我们共同的朋友介绍我丈夫去学习POV愿景心理学。就这样,当我放下执着,我的关系和人生就出现了转机。

我丈夫上了课之后,我们人生中不断发生各种各样的奇迹,推动我们在全新的层面建立起美好和谐的亲密关系。

当双方共同决定"两人一起寻求相处之道,这不是以往既存的或写在字典里的或模仿别人的那种方法,而是通过双方的爱,由双方的意志所决定,可以克服任何困难的相处之道",这样才能帮我们打开真正的亲密关系之路。

我们坚定地下决心:为我们的选择、行动而负责。

哪怕其结果是双方走向离婚,但也不同于那些纠结和烦恼,让双方能够痛痛快快、不留遗憾地踏向新的人生。

拥有被爱的勇气去追求真相真理

你对自己并不完全了解,同时,你对男性也不完全明白。

同样,你的那位真正的伴侣,他对自己也并非完全了解,也不能完全懂你。

所以我恳请大家,不要仅凭自己过去的几个失败或错误,就萌生一些错误的判断和认知,关上了自己通往自己人生真相的大门。

现在对你而言,最重要的是全然打开自己的心,不固守过去的自己,让自己下定决心,愿意把所有的一切付出给自己真正的伴侣。

可能有人会害怕完全打开自己的心,怕又和过去一样,让自己受伤。

很多人以为完全打开心,全身心地为伴侣付出,就等于交付出自己的身体和心灵、时间和能量,所有的一切,那这样会让自己感觉陷入牺牲中,感受到恐惧。但这是一个巨大的误解。

全然打开自己的心,指的是全面打开去接受爱。你真正害怕的不是受伤,而是被爱。

女人幸福的关键,在于是否可以全面打开心接受爱,你的幸福就隐藏在你最害怕的东西后面。

被爱时，人是不设防的。自己的脆弱，自己的缺点，自己的丑陋，会被一览无余。同时，也会展露出自己的出色，自己的美丽。害怕遇见这样的自己，才是我们的恐惧所在。

但是当我们看到了自己，哪怕只是看到一次，就会对自己爱不释手。让我们带着足够的意愿去接受，无论什么样的自己都可以被爱，都可以被接受如己所是。

你有没有足够的意愿和勇气去赌一把，不管什么样的自己都可以被爱，都有被爱的可能。

带着被爱的勇气，信任那个赌"值得被爱"的自己。这样你眼前会有一条新的道路，引领你看到新世界。你真正的伴侣就站在那里，这就叫"追求真相"。

请下定决心去遇见你真正的幸福和真正的伴侣，无论结果你是否会遇到，但是你可以做出这个决定，每天每时每刻，不断做出这个决定，会让它成为你的自然状态。

就像我们教育孩子去浇灌一株植物一样，我们会告诉他每天要为这株植物浇水。我们的决定也是如此，并非一朝一夕，需要坚持。持续每天浇灌，才能培养出美丽茂盛的植物。

"我想去属于我的位置"的这份意愿和勇气，会引领你找到你的真相。坚定不移地相信你会找到那个地方，真相自然会展露在你的面前。

女人是世界之花

人是追求成长的生物。

正因为如此,亲密关系是一条路径,让人感受到通过自己的学习成长而获得的奖励、甘甜和人生的乐趣。所谓"成长",也并非世俗意义上的成为好人,成为一个完美的人或不得不失去纯真之处,而是全然遵从自己的本真,如己所是,成为一个充满乐趣的人,懂得感恩的人,自由创造的人,尊重和享受自己变幻的多面。

长期和伴侣交往,会出现各种各样的问题和课题。当我们不断面对这些问题时,我们会发现不管对方是自己的父母,自己的孩子,还是自己的朋友,最终还是回归到"不管对方是谁,都是自己关系的课题"这件事上。

与其从零开始一段全新的关系,还不如和这个相处良久的亲密伴侣一起去经历,一起去成长,感受人生的妙趣。

通过练习亲密关系,百分之百接受自己,百分之百接受对方。当我们能看到自己和对方都不需要被修正,彼此都是神圣的存在时,两个人才能无限接近,构建起最良善的关系。

这是一种在对方身上看到"神性"的经历。这里我们所指的"神",是泛指造物主、全然的爱的存在。

正因为和伴侣有长久的相处，才能达到这种关系。但原本任何人都可以运用这种神性的发现，去建立人际关系。在一段关系中，自己被对方熟知摸透、被深爱的体验和经历告诉我们，我们可以和其他人，甚至和自己也可以建立同样的关系，这也正是亲密关系能够带给我们的恩典。

体验这个奇迹的关键钥匙，就是要绽放出女性面的特质。女性是花一样的存在，我们可以看到作为花，玫瑰会奋力盛开，铃兰也会倾身绽放，它们不会为了想要成为其他花而努力。当你觉得自己也如花一样，绽放出自己原本的光辉，活出自己，你身边的女性也会受到影响，活出她们原本的样子。

不仅如此，当你能看到身边的男人真正的优秀和精彩时，去培养他们，他们也会成为一个强大而温柔的英雄。

女人认识到自己的女性面，并让她们愈加成熟，就会更深刻地认识和了解自己，学会用最合适的方法和形式向对方表达自己。

同样，她们可以敏锐地感知男人自己都没注意到的感受和心情，帮助他们用语言表达出来，对于这种能深度理解男人，帮助和支持男人的女性，男人也会真心交往和珍惜爱护。

当你作为如花绽放的女人，和那个身为英雄的男人在人生舞台上翩翩共舞，建立起快乐有新意的关系时，你会觉察到幸福就在自己手中，并为自己身为女人感到无上的自豪和喜悦。

后记

尽情享受"作为女性的幸福"

我深深地相信,作为一名女性,80%以上的幸福感源于全心地爱自己的伴侣,同时也全然地被伴侣所爱。

虽然我开玩笑说我家实行"续婚年度更新制",但这么多年来,我深深感受到了坚持爱一个男人,不断去深入了解他的喜悦。虽然是长久稳定的"老夫老妻"关系,但却仍然时刻能涌现爱意,感受相依的安宁,发现对方的可敬可爱之处,这是我无比感恩身为女性才能拥有的体验。

挑选并阅读了本书的你,定是接受了自己"身为女性"的使命,敞开心扉真心实意地与人建立关系。为此,你尊重并认可自己作为女性的价值,将会给更多女性带来鼓舞和力量。

当今时代,女性有很多机会,也有越来越多的男性愿意与她们合作和协助。男性喜欢让女性幸福,也因此感受到价值所在。

中国女性焕发出幸福的光彩,将成为世界的亮点。这并非指需要和男性竞争把他们比下去。如果女性能充分绽放,慷慨发挥出培育、接纳、领受等女性面的特质,你的人生和家庭、整个世界都将不同。

女性不用效仿男性,而是要散发出女性的本真光芒,以此帮助其他人也同样做到。我觉得,能为如此美好的愿景做出贡献,难道不是一个极有意义的人生吗?

生而为女人,真的太好了!

妈妈,谢谢您!

外婆,谢谢您!

祈愿所有女性都活得幸福。

作者简介

[日] 栗原弘美

著名知见心理学训练师,作为咨询师、训练师,栗原弘美以其深入的洞察力帮助他人解决问题,以易于理解的方式教授知见心理学,以自身的实际体验为基础,分享建立充满爱的亲密关系的秘诀。其基于多年经验所举办的咨询和研讨会,获得"用短时间解决问题"的好评。著有《心灵维他命》《放手就能迎来转机》等。

图书在版编目（CIP）数据

不要错过爱你的人 /（日）栗原弘美著；佳永馨璃译. -- 北京：中国青年出版社，2022.7
ISBN 978-7-5153-6718-7

Ⅰ.①不… Ⅱ.①栗…②佳… Ⅲ.①女性心理学－通俗读物 Ⅳ.① B844.5-49

中国版本图书馆 CIP 数据核字 (2022) 第 126245 号

著作权合同登记号：01-2022-4252
JOSHI NO SAIKYO KOFUKURON RENAI KEKKON FUFU KANKEI
SHIGOTO TO KOSODATE GA ISHIKI O KAERU TO GEKITEKI NI KAWARU!
Copyright © 2018 Hiromi Kurihara
Chinese translation rights in simplified characters arranged with BAB JAPAN CO., LTD.
through Japan UNI Agency, Inc., Tokyo
中文简体字版权 © 北京中青心文化传媒有限公司 2022
版权所有，侵权必究

不要错过爱你的人

作　　者：[日] 栗原弘美
译　　者：佳永馨璃
插画作者：stano
责任编辑：王超群
书籍设计：瞿中华
出版发行：中国青年出版社
社　　址：北京市东城区东四十二条 21 号
网　　址：www.cyp.com.cn
经　　销：新华书店
印　　刷：三河市万龙印装有限公司
规　　格：787×1092mm　1/32
印　　张：5.25
字　　数：120 千字
版　　次：2022 年 9 月北京第 1 版
印　　次：2022 年 9 月河北第 1 次印刷
定　　价：59.00 元
如有印装质量问题，请凭购书发票与质检部联系调换
联系电话：010-65050585